1566
BRVEGEL

HAR
NACK

Myra Shackley

UND SIE LEBEN DOCH

Bigfoot, Almas, Yeti und andere geheimnisvolle Wildmenschen

HARNACK

Aus dem Englischen übersetzt von
Dr. Siegfried Schmitz

CIP-Kurztitelaufnahme der Deutschen Bibliothek

Shackley, Myra:
Und sie leben doch : Bigfoot, Almas, Yeti u.a.
geheimnisvolle Wildmenschen / Myra Shackley.
[Aus d. Engl. übers. von Siegfried Schmitz]. –
München : Harnack, 1983.
Einheitssacht.: Wildmen ⟨dt.⟩
ISBN 3-88966-006-1

Titel der englischen Originalausgabe: »Wildmen«
Zuerst erschienen bei Thames and Hudson Ltd., London 1983

Umschlaggestaltung: Manfred Limmroth
Gesamtherstellung: Appl, Wemding
Printed in Germany
ISBN 3-88966-006-1

Das Schönste, was wir erleben können,
ist das Geheimnisvolle.

Albert Einstein

INHALT

VORWORT

Seit zweitausendfünfhundert Jahren haben sich Berichte über Lebewesen angesammelt, die in keines unserer gängigen zoologischen Systeme passen, sondern mit dem unscharfen Begriff »Wildmenschen« bezeichnet werden. Diese Berichte geben in früheren Jahrhunderten nur Beobachtungen wieder und sind nur schwer von Mythen, Legenden und Abenteurergeschichten zu trennen. Doch neuerdings haben sich angesehene Wissenschaftler der Sache angenommen, die nicht die Möglichkeit ausschließen, daß einige Berichte wirkliche Lebewesen betreffen. Vielleicht handelt es sich dabei um eine oder zwei Primatenspielarten – also Vertreter der Gruppe, welche die Menschenaffen und den Menschen umfaßt – oder sogar um primitive Menschentypen. Das vorliegende Buch verfolgt die Absicht, nicht nur Beweise für die Existenz von Wildmenschen beizubringen, sondern auch Fakten und Phantasie voneinander zu scheiden und den eigentlichen Kern von der Überwucherung durch spätere Legendenbildung zu befreien.
Der Typus des Wildmenschen erscheint unter seinen verschiedenen Verkleidungen in der Kunst und Literatur fast aller Kulturen der Welt – auch in unserer eigenen. Die römische Antike kannte einen Wildmenschen in Gestalt des Fauns. Im Mittelalter war der Wilde Jäger eine Verkörperung primitiver Wildheit und eine Zentralfigur im Volksglauben und in der allegorischen Dichtung. Gerade die Allgegenwärtigkeit des Wildmenschen ist bezeichnend, und es besteht eine auffällige Übereinstimmung in den einschlägigen mythologischen Vorstellungen von Völkern, die räumlich und zeitlich weit voneinander getrennt sind.
Viele Theorien sind aufgestellt worden, um diesem Sachverhalt gerecht zu werden. Wenn man einmal davon absieht, daß in jedem Gemeinwesen gelegentlich echte »Monster« auftreten – Riesen, genetisch bedingte Mißbildungen[1] usw. –, könnte man die Auffassung vertreten, daß alle Wildmenschen-

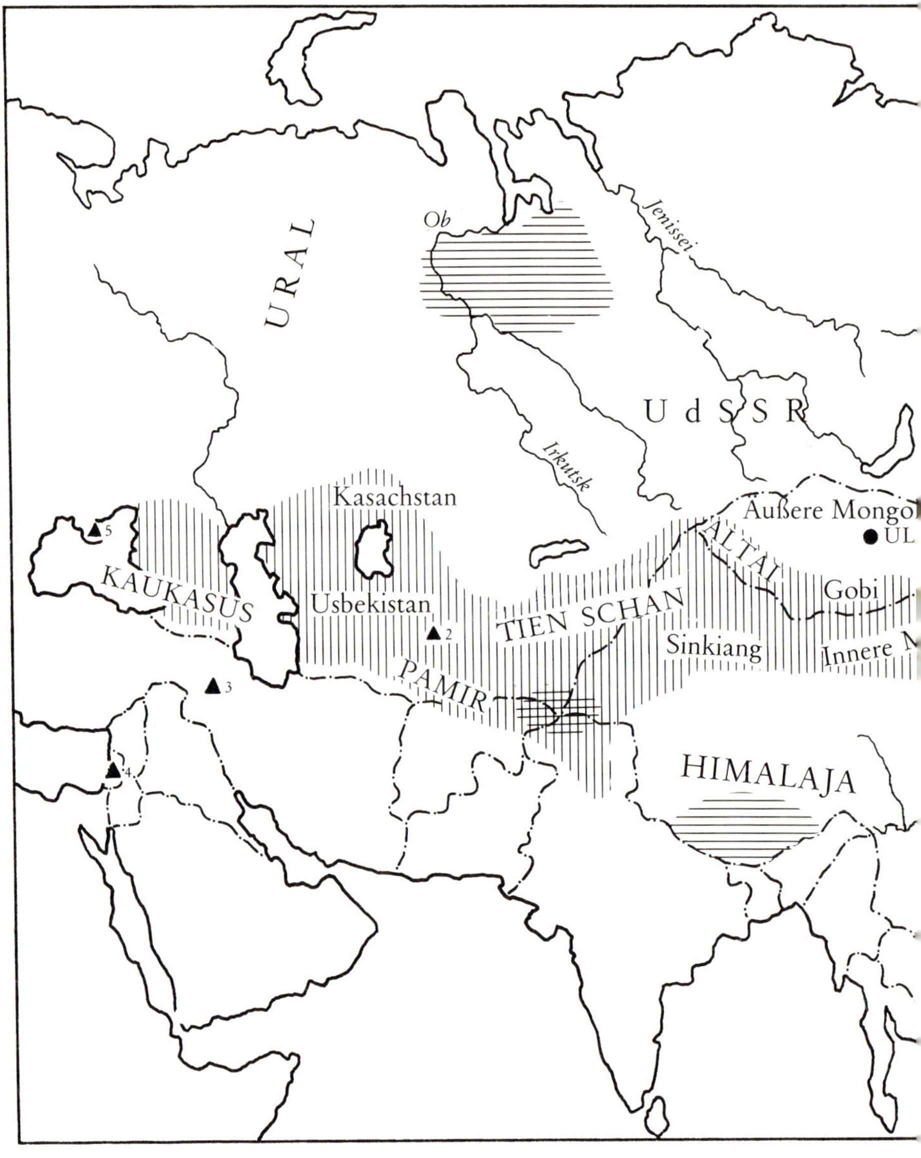

1 Die Hauptregionen, in denen Yetis, Almas und Chuchunaas gesichtet worden sind. Auffallend ist die Überlappung von Almas-Sichtungen und bisher bekannten Neandertalerfundstätten:

(1) Sjara-Osso-Gol (Innere Mongolei);
(2) Teschik-Tasch (Usbekistan);
(3) Schanidar (Irak);
(4) Höhlen im Berg Karmel (Israel);
(5) Kiik-koba und Staroselje (Krim).

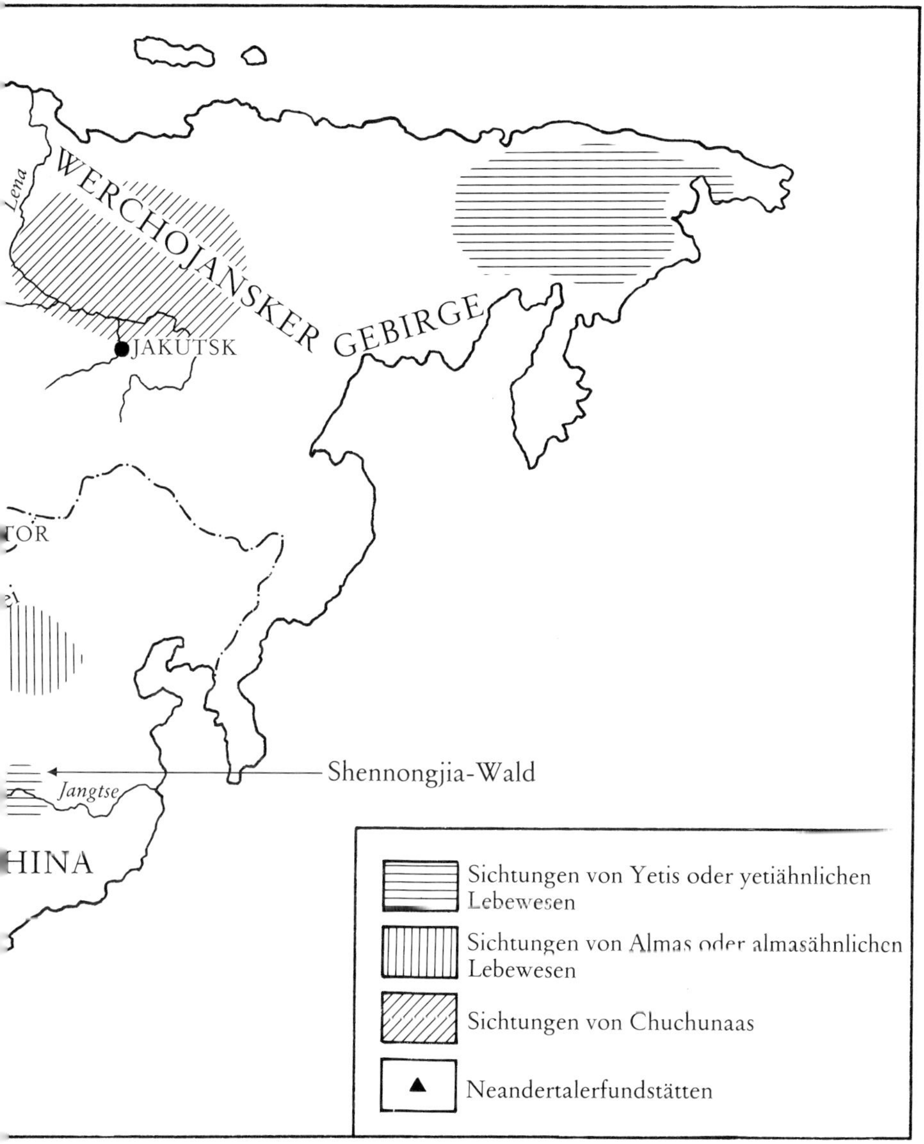

Geschichten Mythen – und somit unwahr – sind und daß die Völker diese Mythen voneinander entlehnt haben. Was zweifellos auf die Griechen und Römer zutrifft. Doch damit läßt sich nur schwer die Tatsache vereinbaren, daß ähnliche Geschichten in verschiedenen Erdteilen auftauchen, es sei denn, man postuliert irgendein Kernland, von dem aus sich die Geschichten verbreitet hätten – eine Vorstellung, die dem modernen anthropologischen Denken zuwiderläuft.

Eine andere Möglichkeit der Deutung bestünde darin, daß sich alle Gemeinwesen Wildmenschen erschaffen, weil sich jenseits des bewohnten oder erforschten eigenen Gebietes unbekannte Regionen erstrecken, die durch Gerüchte oder Erzählungen von Reisenden mit merkwürdigen, nicht identifizierbaren Geschöpfen bevölkert werden. Zum Teil mag es sich dabei um Fabelwesen handeln, um Produkte einer lebhaften Phantasie, aber in anderen Fällen können auch echte Beobachtungen zugrunde liegen von Lebewesen, die man nicht einzuordnen vermag.
Im 1. Kapitel werden wir das verschwommene Bild einer fernen Vergangenheit untersuchen. Es stellt sich in diesem Zusammenhang die Frage, ob sich Geschöpfe dieser Art, die möglicherweise bis heute überlebt haben, weit in die Geschichte zurückverfolgen lassen. Die übrigen Kapitel des Buches befassen sich mit den besser verbürgten Beobachtungen aus der Gegenwart oder der unmittelbaren Vergangenheit. Ziel ist die Beantwortung der Frage, ob heutzutage echte Wildmenschen existieren, und falls ja, wer oder was sie sind.

In seinem *Systema naturae* von 1735 (maßgebende 10. Auflage 1758), das die bis heute gültige biologische Nomenklatur einführte, verzeichnete der große schwedische Naturforscher Carl von Linné nicht nur *eine* rezente Menschenart (nämlich uns selbst, den *Homo sapiens*), sondern deren mehrere, unter anderem einen »Wildmenschen« *(Homo ferus)* und einen primitiven »Höhlenmenschen« *(Homo troglodytes).* Alle werden zusammen mit den modernen Affen unter dem Oberbegriff Primaten oder Herrentiere vereint. Linné stützte sich dabei auf Berichte antiker Autoren und Entdeckungsreisender. Doch seine Ansicht, daß andere, urtümlichere Menschenformen bis in die Neuzeit hinein überlebt haben könnten, fand wenig Zustimmung, ja sie wurde bespöttelt und belächelt – zumindest 200 Jahre lang. Seit den fünfziger Jahren unseres Jahrhunderts vollzieht sich, dank neuerer Entdeckungen auf dem Gebiet der Humanevolution, ein Gesinnungswandel in der wissenschaftlichen Welt.
Die ersten Fossilfunde eines frühen und für primitiver eingestuften Menschentyps wurden bereits 1856 gemacht, und zwar im Neandertal bei Düsseldorf, dem die neue Art ihren Namen verdankt: Neandertaler.[2] Anfangs schrieb man die Skelettreste einem Mongolen oder einem Schwachsinnigen zu, doch weitere fossile Belege, darunter die Entdeckung des Neandertaler-Vorfahren, eines noch urtümlicheren Hominiden (menschenähnliches Lebewesen) namens *Homo erectus,* führten nach und nach zu der Erkenntnis, daß der Mensch eine lange und komplexe Evolution durchgemacht haben müsse. Die Frage lautete nun: wie lange und wie komplex?
Der Neandertaler, unser unmittelbarer Vorläufer, war, was sein Gehirnvolumen und seinen aufrechten Gang betrifft, dem modernen Menschen durchaus vergleichbar, und so wurde er schließlich als eine Unterart des *Homo sapiens* eingestuft, als *Homo sapiens neanderthalensis* (wir selbst bilden heute die Un-

terart *Homo sapiens sapiens*). Aber sind wir wirklich die direkten Nachfahren des Neandertalers? Sein tonnenförmiger Brustkasten, sein langer, flachgewölbter Schädel, seine stark ausgeprägten Überaugenwülste, sein fliehendes Kinn und sein vorspringender Unterkiefer deuten darauf hin, daß wir es nicht sind. Doch was wurde aus ihm vor rund 30 000 Jahren, als seine Überreste aus dem Fossilbestand verschwanden und durch die des Jetztmenschen ersetzt wurden? Ist er einfach ausgestorben?

Das Schicksal des Neandertalers, zweifellos eines der interessantesten Probleme der gesamten Vorgeschichtsforschung, hat jahrzehntelang hitzige Diskussionen und wissenschaftliche Kontroversen ausgelöst. Manche Fachleute glauben, einige wenige Neandertaler hätten tatsächlich überleben können – sind sie vielleicht die »Wildmenschen« Linnés? Diese faszinierende Hypothese hatte es dem größten Wildmenschenforscher angetan, dem verstorbenen russischen Professor Boris Porschnew. Allem Gespött und allen Anfeindungen zum Trotz hat er im Laufe von drei Jahrzehnten in zahllosen Veröffentlichungen nachzuweisen versucht, daß es sich bei einigen behaarten menschenähnlichen Geschöpfen, die gesichtet worden sind, um überlebende Hominiden (»Hominidenrelikte«) handele, speziell um überlebende Neandertaler. Sein bekanntestes Buch zu diesem Thema, das er gemeinsam mit dem Wildmenschenexperten Bernard Heuvelmans verfaßte, erschien 1974 in Paris unter dem Titel *L'homme de néanderthal est toujours vivant.*[3]

Porschnews Thesen erhielten in den sechziger und siebziger Jahren einen gewaltigen Auftrieb durch die Entdeckung, daß die Stammesgeschichte des Menschen sehr viel komplizierter ist, als man bis dahin angenommen hatte. Neue Funde in Ostafrika beweisen, daß die menschliche Evolution nicht mehr als eine eindeutige und geradlinige Entwicklungsreihe betrachtet werden kann. Es hat den Anschein, als ob in mehreren Perioden der fünf Jahrmillionen langen Menschheitsentwicklung zahlreiche nahverwandte Arten nebeneinander existierten: So lebten beispielsweise die Hominiden *Australopithecus africanus, A. robustus* und *Homo habilis* mehr oder weniger gleichzeitig vor drei bis zwei Millionen Jahren, und vor rund anderthalb Jahrmillionen überlappten sich die Epochen von *Homo habilis* und *H. erectus.* Wenn dies auf Zeiträume von Jahrmillionen zutrifft, warum sollte es nicht auch für die Gegenwart gelten – warum sollte es also so unwahrscheinlich sein, daß der Neandertaler noch immer lebt?

Im Jahre 1958 organisierte die sowjetische Akademie der Wissenschaften, vor allem unter dem Eindruck von Porschnews Arbeit, ein Forschungsunternehmen, das unter dem Namen »Schneemensch-Kommission« berühmt wurde. Es hatte die Aufgabe, alle Berichte über menschenähnliche Lebewesen zu erfassen, zu koordinieren und zu analysieren und aus ihnen neue, brauchbare Hypothesen abzuleiten. Eine Expedition brach zum Pamirgebirge im Süden Rußlands auf, und im ganzen Land wurden Augenzeugenberichte registriert.

Die Ergebnisse waren zwar nicht schlüssig und setzten der kurzen Phase des offiziellen russischen Engagements ein Ende, aber aus der Rückschau lassen sie eine aufregende Schlußfolgerung zu – daß es nämlich mindestens zwei, wenn nicht drei unbekannte und unidentifizierte menschen- oder affenähnliche Arten gibt, die in den unzugänglichen Gebirgen und Hochländern der Sowjetunion heimisch sind.

Eines dieser Lebewesen war offensichtlich aus anderen Regionen Asiens, zumal aus dem östlichen Himalaja, schon längst allgemein bekannt. Es ist der affenartige Yeti, der im Westen den volkstümlichen Namen »Schneemensch« erhalten hat und den Reisende und Bergsteiger in Nepal seit den zwanziger Jahren hin und wieder beobachtet haben. Aus den sowjetischen Untersuchungen ergibt sich für den russischen Yeti – falls er gemeint ist – ein weitgestreutes Verbreitungsgebiet, das sich vom äußersten Osten und Westen Sibiriens im Norden bis hinunter zum Pamir im Süden erstreckt. Doch zusätzlich trafen Berichte aus dem Pamir und aus der Äußeren Mongolei, dem Kaukasus und anderen Gebieten ein, die besagen, daß dort ein menschenähnlicherer Wildmensch haust, der im folgenden aus praktischen Gründen mit seinem mongolischen Namen »Almas« bezeichnet wird.[4]

Der Almas, anscheinend viel kleiner und weniger behaart als der Yeti, besitzt nach einigen Zeugenaussagen einen plumpen, aber menschenartigen Körper und Gesichtsausdruck und kennt den Werkzeuggebrauch. Könnte das Por-

2 Einige Mitglieder der ersten russischen »Schneemensch-Kommission«, die 1958 eingesetzt wurde. Von links nach rechts: Professor P. Smolin, Professor B. Porschnew, Professor A. A. Maschkowtsew, Dmitri Bajanow und Dr. Sch. I. Kofman.

schnews Neandertaler-Abkömmling sein? Die Angelegenheit wurde dadurch noch komplizierter, daß man größere und noch menschenähnlichere Wildmenschen in einem begrenzten Gebiet Nordostsibiriens gesichtet hat, wo diese Geschöpfe »Chuchunaa« genannt werden.

Das Interesse an der möglichen Existenz von rezenten Wildmenschen beschränkte sich indes nicht auf die Sowjetunion und Nepal. In Nordamerika tauchen in den Zeitungen seit dem 19. Jahrhundert vereinzelt Meldungen über große affen- oder menschenähnliche Lebewesen auf, und in den fünfziger und sechziger Jahren unseres Jahrhunderts häuften sich die Berichte, welche die Existenz eines großgewachsenen Wildmenschen, des sogenannten Bigfoot (»Großfußmensch«) oder Sasquatch, zu beweisen scheinen. Die Beobachtungen, Fußspuren, Haare und Exkremente dieses Wesens verteilten sich über eine weite Region, deren Zentrum die Bergnadelwälder an der nordwestlichen Pazifikküste bilden, zwischen Nordkalifornien im Süden und Britisch-Kolumbien im Norden. Schätzungen der Größe, Gestalt und Lebensweise dieses Wesens deuteten auf einen interessanten Zusammenhang mit dem asiatischen Yeti hin.

Ein berühmt gewordener Filmstreifen, den Roger Patterson 1967 während einer Bergwanderung in Nordkalifornien aufgenommen hat, erregte weltweites Aufsehen, denn er zeigt offensichtlich eine Sasquatch-Frau – ein einmaliges Beweisstück, sofern es echt ist, denn bislang ist noch kein anderes Film- oder Fotodokument eines lebenden oder toten Wildmenschen aufgetaucht. Doch wie fast immer, wenn es um den Bigfoot ging, hatte der riesige öffentliche Rummel, den diese Episode auslöste, das eigentliche Problem eher verdunkelt als erhellt. Immerhin hatte das ganze Theater eine bessere finanzielle Ausstattung der Bigfoot-Forschung zur Folge. Es entstanden seriöse Studienzentren, deren Untersuchungsergebnisse, im Verein mit der Fülle der inzwischen angehäuften Daten, viele Wissenschaftler davon überzeugt haben, daß der Großfußmensch mehr ist als ein bloßes Fabelwesen der Volksüberlieferung.

Sehr viel spärlicher sind die Beweise für ein anderes, menschenähnlicheres Geschöpf aus Nordamerika. Dessen Existenz hängt davon ab, wie weit man der Echtheit des sogenannten »Eismenschen« trauen darf, eines Lebewesens, das vollständig in einem Eisblock eingefroren war und in einer isolierten Kiste zur Schau gestellt wurde. Es wurde erstmals 1968 wissenschaftlich untersucht, als es nach einer strapaziösen Rundreise durch Amerika auf einer Farm in Minnesota landete. Nach Aussage des Eigentümers hatten entweder russische Robbenschläger oder japanische Walfänger (die richtige Version kann man sich aussuchen) den »Eismenschen« in einem mächtigen Eisblock entdeckt, der vor der Küste Ostsibiriens im Ochotskischen Meer trieb. Er gelangte schließlich nach Hongkong und wurde dann für Ausstellungszwecke erworben und in die USA geschafft, wo man für 35 Cent einen Blick auf ihn werfen konnte. Damit begann eine lange und ungeheuer komplizierte Geschichte, die sich um

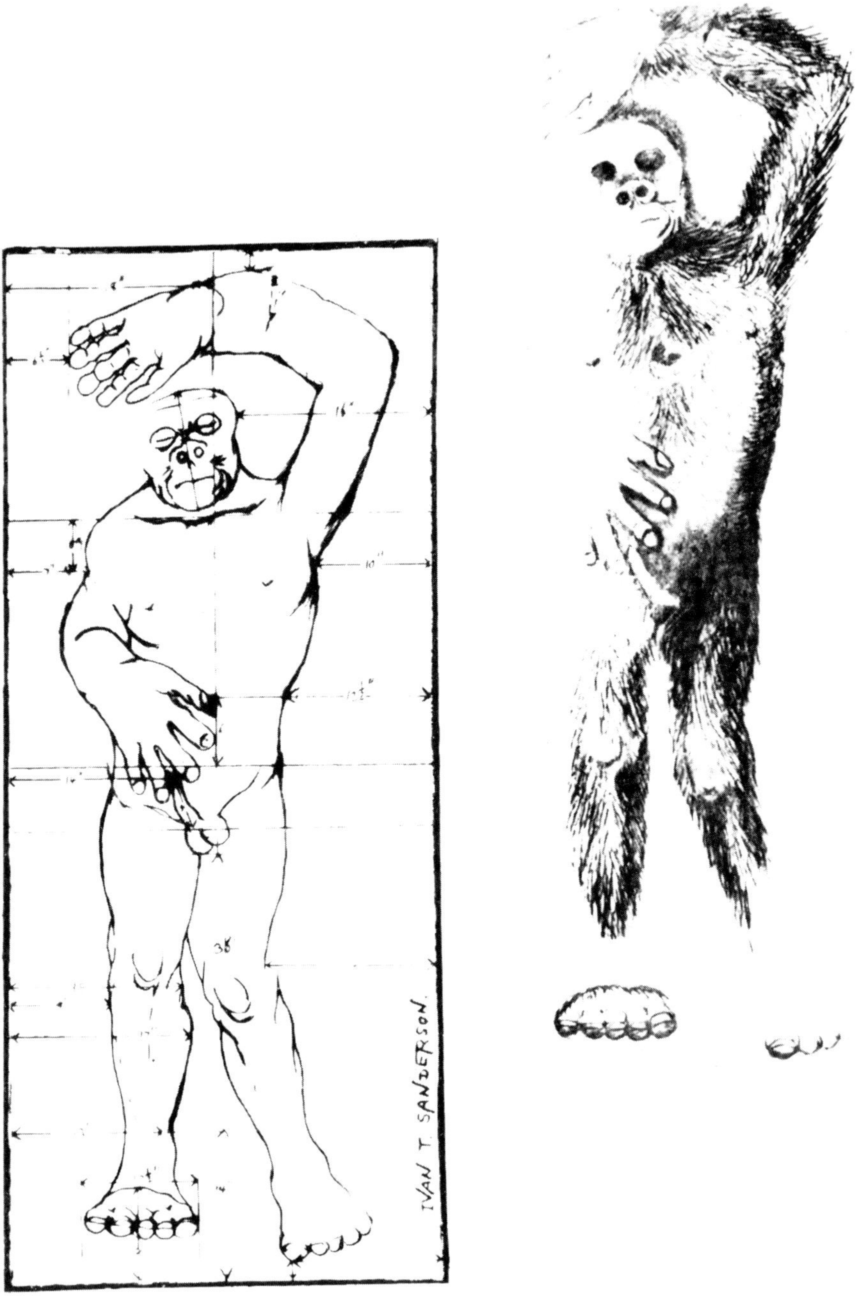

3 Der »Eismensch«, gezeichnet von Ivan T. Sanderson. Dieser »Hominide«, wahrscheinlich eine hervorragende Fälschung aus Latexgummi, war angeblich an einer Schußverletzung gestorben und wurde dann, eingefroren in einen Eisblock, auf Jahrmärkten zur Schau gestellt.

seine Authentizität und seine umstrittene Herkunft rankt. Zwei Hominidenexperten, Ivan T. Sanderson und Bernard Heuvelmans, vermaßen und inspizierten den im Eis eingeschlossenen Fund so gut sie konnten, und Heuvelmans gewann die Überzeugung, daß er echt und darüber hinaus ein tiefgefrorener Neandertaler sei.[5] Die ersten Berichte ließen indes bei einem hervorragenden Anatomen den Verdacht aufkommen, der Eismensch vereine in sich die übelsten Merkmale eines Affen und eines Menschen in einer Form, die beim heutigen Stand der Evolutionsforschung im höchsten Maße unwahrscheinlich sei. Und dann verschwand der originale Eismensch auf mysteriöse Weise, noch bevor ihn Wissenschaftler der angesehenen Smithsonian Institution untersuchen konnten. Er wurde ersetzt durch ein »Modell«.

Die Wildmenschenforschung ist ein ideales Betätigungsfeld für Schwindler, Trickbetrüger und Märchenerzähler, und man muß ständig auf der Hut sein, wenn man den Wust der Berichte aus Amerika, Rußland und anderswo nach glaubwürdigen Beobachtungen durchforscht.

Was zuverlässige Informationen über die neueste Wildmenschenforschung in der Sowjetunion angeht, so sind westliche Wissenschaftler vor allem dem Porschnew-Nachfolger Dmitri Bajanow vom Moskauer Darwin-Museum zu Dank verpflichtet. In diesem Museum wurde 1960 ein Seminar eröffnet, das die jeweils anfallenden Forschungsresultate und die Berichte von Wissenschaftlern, Reisenden, Bergsteigern und Geographen aus ganz Asien erörtert. Die Seminare werden von Bajanow geleitet, dem sein Kollege Igor Burtsew zur Seite steht. Die Verlautbarungen aus dieser Quelle lassen den Schluß zu, daß in den sechziger und siebziger Jahren recht erfolgreiche russische Expeditionen im Kaukasus, Pamir und anderen Regionen unternommen worden sind.

Eine der aufregendsten neuen Erkenntnisse stammt jedoch nicht aus der Sowjetunion, sondern aus China, wo seit den siebziger Jahren in der entlegenen Berglandschaft des Shennongjia-Waldes (Provinz Hubei) ein yetiähnliches Lebewesen gesichtet wurde. Dort könnte der Yeti zusammen mit anderen seltenen oder ungewöhnlichen Pflanzen und Tieren, etwa dem sogenannten Taubenbaum oder dem Weißen Bären, bis heute überlebt haben. Die Chinesen haben großangelegte Expeditionen ausgerüstet, um die Wahrheit herauszufinden, und ein Teil des Shennongjia-Waldes ist als Yeti-Reservat ausgewiesen worden.

Die Zeit ist gekommen, die große Fülle der vorliegenden einschlägigen Zeugenaussagen genauer zu sichten, und zu ergründen, ob sich daraus überzeugendes Beweismaterial ergibt. Existieren der Yeti, der Almas, der Chuchunaa und der Bigfoot tatsächlich, oder sind sie nichts weiter als Legenden, die sich um unzureichend beobachtete, aber längst bekannte Lebewesen gerankt haben? Und wenn sie existieren, wer sind sie? Wieviele von ihnen haben überlebt,

und wo leben sie? Haben wir es bei ihnen mit Hominidenrelikten zu tun, um Überbleibsel aus der fernen Vergangenheit der Menschen- und Primatenevolution? Boris Porschnew glaubte fest daran, daß sich solche Relikte bis heute erhalten haben und daß deren Vorfahren in den Satyrn, Kentauren und Faunen der antiken Sagenwelt zu finden sind.
Wir sollten damit beginnen, seine Vorstellungen und die Informationen über andere Wildmenschen des Altertums und des Mittelalters kritisch zu überprüfen.

I.
WILDMENSCHEN IN GESCHICHTE UND GEGENWART

Falls Wildmenschen heutzutage in Gestalt von Yetis, Almas oder Chuchunaas leben, können wir dann in den Schriften antiker und mittelalterlicher Autoren Hinweise auf ihre größere Verbreitung in der Vergangenheit finden? Denn der Wildmensch ist in vielerlei Erscheinungsformen ein fester Bestandteil der Kultur und Mythologie fast aller Gemeinwesen seit den Anfängen der schriftlichen Überlieferung. Aber das Problem liegt in der Frage, wie sich die Realität vom Mythos scheiden läßt.

Je weiter man in die Geschichte zurückgeht, desto schwieriger wird es, das Gewirr aus Fakten und Fiktion aufzulösen, vor allem deshalb, weil diese Unterscheidung für die alten Völker selbst nur selten von Bedeutung war. Der älteste Wildmensch, der in der Literatur auftritt, wird im Gilgamesch-Epos beschrieben, das sich wahrscheinlich um einen historischen König dieses Namens rankt, der im südlichen Babylonien lebte. Er muß eine eindrucksvolle Persönlichkeit gewesen sein, denn er taucht in vielen Erzählungen auf, die um 2000 v. Chr. in dem genannten kurzen Epos zusammengefaßt wurden. Die Erzählungen, die auf zwölf unvollständig erhaltenen Tafeln verzeichnet sind, wurden in der Palastbibliothek des Assurbanipal in den Ruinen von Ninive entdeckt; die Schrifttafeln enthalten übrigens auch einen Bericht über die biblische Sintflut.

Gilgamesch war zu zwei Dritteln ein göttliches Wesen, doch zugleich ein mächtiger König und ein großer Krieger. Eines Tages, so berichtet die Legende, wusch sich der Töpfer Arura die Hände und formte aus Lehm den Wildmenschen Enkidu, ein zottiges Wesen, dessen Haar »wie Getreide wucherte« und das mit den Gazellen aß und mit den wilden Tieren an deren Wasserloch trank. Der erste Jäger, der ihm begegnete, erschrak dermaßen, daß er nicht näherzukommen wagte, und ließ die Tiere laufen, die er jagen wollte. Schließlich begab sich ein Jäger zum König Gilgamesch und bat ihn um Hilfe, und der König riet ihm, er solle eine Ischtar-Priesterin zum Wasserloch mitnehmen und sie auffordern, sich zu entkleiden, um den armen Enkidu auf diese Weise von seinen vierbeinigen Freunden wegzulocken.

Die List hatte Erfolg, und der Wildmensch genoß eine Woche lang die Gunst der Priesterin. Er ließ sich nach und nach dazu überreden, mit den Hirten Brot zu essen und Wein zu trinken. Er wurde deren Freund und half ihnen, indem er die Löwen von den Herden vertrieb, doch dann führte ihn die Priesterin in Versuchung: Sie rühmte die Größe Gilgameschs und gab zu verstehen, daß allein der König würdig sei, Enkidus Rivale oder Freund zu sein. Daraufhin trafen die beiden Kämpen aufeinander, und nach einem titanischen Kampf trug Gilgamesch den Sieg davon, doch Enkidu gewann die Hochachtung und die unverbrüchliche Freundschaft des Siegers.

Der Wildmensch kämpfte anschließend an der Seite des Königs gegen ein Ungeheuer (Humbaba), und die beiden wurden unzertrennliche Gefährten, bis Enkidu tödlich verwundet wird. An seinem Totenlager beweint ihn Gilgamesch: »Wie ein Klageweib weinte ich um Enkidu, meinen Freund. Was sind mir nun mein festliches Gewand, meine Axt, mein Speer und mein Schwert?« Als Enkidu stirbt, brüllt der König wie ein Löwe und reißt sich die Haare aus, um sich dann sechs Tage lang der Trauer hinzugeben. Der für uns wichtigste Aspekt ist die Tatsache, daß Gilgamesch den Wildmenschen Enkidu offensichtlich als *Menschen* betrachtet, denn er sagt: »Meinen Freund, der alle Widrigkeiten mit mir ertrug, hat das Schicksal der Menschheit ereilt.«

Wir müssen die Wildmenschensagen und -mythen im Kontext der Kulturen deuten, in denen sie entstanden sind, und uns davor hüten, unsere eigenen Wertmaßstäbe auf sie anzuwenden. Es bestehen jedoch in den Mythologien von Kulturen, die zeitlich und räumlich sehr weit voneinander getrennt sind, so große Übereinstimmungen in den Motiven, Figuren und sogar bestimmten Details, daß viele Theorien aufgestellt worden sind, um diesen Sachverhalt zu erklären.

Carl Gustav Jung vertrat zum Beispiel die Auffassung, das »kollektive Unbewußte« sei der Grund, daß die Mythen, Symbole und Märchen vieler Kulturen so auffallende Ähnlichkeiten zeigen. Der französische Anthropologe Claude Lévi-Strauss meint dagegen, die Mythen würden von Person zu Person und von einer Kultur zur anderen weitergegeben; nach ihm können sie sich zwar wandeln, aber das gemeinsame Strukturprinzip bleibt erhalten.

Eine größere Wahrscheinlichkeit spricht dafür, daß unterschiedliche primitive Völker, die mit den gleichen Situationen und Naturphänomenen konfrontiert sind, dieselben Fragen stellen und sie durchweg auf dieselbe Weise beantworten. Da beispielsweise die meisten Kulturen einen Territorialbegriff kennen, der auch ausgedehnte Ödflächen oder Wildnisse außerhalb der eigenen Zivilisationsgrenzen einschließt, ist es nur natürlich, daß diese unbewohnten Gebiete mit einer Vielzahl von mythologischen Wesen bevölkert werden, die teils völlig frei erfunden sind, teils aber einen Bezug zu bekannten Tierarten haben. Die Schwierigkeit besteht in der Unterscheidung der beiden Kategorien. Ist der Wildmensch der Sage ein reines Fabelwesen, oder liegt ihm ein weitgehend in Vergessenheit geratener Prototyp zugrunde?

Man darf im übrigen nicht vergessen, wie begrenzt die Erfahrungen der antiken Historiker und Geographen waren. Im ersten nachchristlichen Jahrhundert berichtet Plinius in seiner *Naturgeschichte* von *silvestres* (»Waldbewohner«), die dicht behaart sind und gelbe Augen und Reißzähne haben, aber nicht sprechen können, sondern nur schrille Schreie ausstoßen. Dabei handelt es sich vermutlich nicht um Hominidenrelikte, sondern um Gibbons. Der Geschichtsschreiber Herodot (5. Jahrhundert v. Chr.) spricht von behaarten Ungeheuern in Libyen, und bei dem Schriftsteller Pomponius Mela (1. Jahrhundert n. Chr.) findet sich ein sehr entstellter Bericht über Gorillas auf dem Gebiet des heutigen Sierra Leone.

In den Köpfen der alten Römer herrschte große Verwirrung über den Status

4 Diese vielfach als »aggressiver Hominide« bezeichnete Gestalt ist in Wahrheit ein ganz gewöhnlicher Satyr, der einen Zweig oder eine Rassel in der Hand hält. Karthagische oder phönizische Schale, 7. Jh. v. Chr.

dieser mehr oder weniger menschlich aussehenden Geschöpfe, und man unternahm niemals den Versuch, die verschiedenen Primatenformen voneinander zu trennen. Es verschaffte sich auch niemand Klarheit darüber, wie der Mensch eigentlich zu definieren sei und welche Unterschiede zwischen Menschen, Wildmenschen und anderen Primaten bestehen. Waren sie allesamt nur Spielarten desselben Lebewesens?

Satyrn, Kentauren und Faune

In der Vorstellung der Griechen und Römer nahm der Wildmensch meist die Gestalt eines Satyrs an, also eines Mischwesens aus Mensch und Tier, oft mit Hörnern und Schwanz versehen und im allgemeinen in einer erotischen Situation dargestellt. Die Satyrfigur, wie sie um 580 v. Chr. von athenischen Künstlern erfunden wurde, spielt im umfangreichen mythologischen Repertoire der klassischen Antike eine führende Rolle und ist wahrscheinlich ihr faszinierendster Repräsentant. Boris Porschnew hat mit gewohnter Gründlichkeit die griechische und römische Kunst und Literatur nach möglichen Hinweisen auf Hominidenrelikte durchforscht, denn er ging davon aus, daß die Existenz solcher Wesen irgendwo und irgendwann ihren Niederschlag gefunden haben müsse. Er stürzte sich mit Begeisterung auf den Satyr und behauptete, die zahlreichen Satyrbilder und die ungezählten Anspielungen auf Satyrn und deren Begleiter in allen klassischen Literaturformen seien ein Beweis dafür, daß Wildmenschen (Hominidenrelikte) noch in römischer Zeit existiert hätten.
In der griechischen Mythologie wandelte sich die Rolle der Satyrn im Laufe der Zeit. Ursprünglich sind sie nichts anderes als wilde übermenschliche Wesen, mit denen die Phantasie die Berge und Wälder bevölkerte. Dann werden sie mit Dionysos, dem Gott des Weines, in Verbindung gebracht, und wegen ihrer Wesensverwandtschaft mit ihm treten sie in sein Gefolge ein und werden seine ständigen Begleiter. Ihre fröhliche Ausgelassenheit symbolisiert die Freiheit und den Lebensgenuß. Gegen Ende des sechsten vorchristlichen Jahrhunderts wird in Athen das erste Satyrspiel aufgeführt, mit Schauspielern, die als Satyrn verkleidet und mit übergroßen beweglichen Phalli (Geschlechtsteilen) ausgerüstet sind. In späteren Theaterstücken werden Szenen eingefügt, die vielfach Parodien der älteren Mythen sind, und die Satyrn verkörpern moralische Phantasievorstellungen in einer Art und Weise, die den Wildmenschenspielen des Mittelalters durchaus vergleichbar sind.

5 Unbehaarter phallischer Satyr, ein Werk des »Malers der wolligen Satyrn«. Von einem griechischen Glockenkrater.

6 Ausgelassene Satyrn beim Spiel. Von einer rotfigurigen griechischen Amphore.

5△ 6▽

In J. D. Beazleys Standardwerken über die griechische Vasenmalerei[1] erscheinen Satyrn fast auf jeder Seite. Sie zeigen stets eine Mischung von menschlichen und tierischen Merkmalen – zum Beispiel einen Pferdeschwanz im Verein mit einer menschlichen Gestalt, einer Stubsnase und einem wilden Gesicht. Sie besitzen abstehende und zugespitzte ziegenähnliche Ohren, eine kahle Stirn und einen langen, wallenden Bart. Zwei deutlich unterscheidbare Typen sind offenbar dargestellt: Der eine ist hager, nervig und in klaren Umrißlinien gezeichnet (Abb. 5), während der andere infolge übermäßigen Trinkgenusses beleibt, sinnlich und aufgedunsen dargestellt wird. Der letztere Typ scheint als einziger mit starkem Haarwuchs wiedergegeben worden zu sein. Völlig behaarte Satyrn kommen sehr selten vor, eigentlich nur bei einem Künstler, der den treffenden Namen »Maler der wolligen Satyrn« trägt. In der griechischen Kunst werden auch Silene dargestellt, komische ältere Satyrn mit feisten, behaarten Gliedmaßen, Pelzjacken und wohlgefüllten Weinschläuchen.
Das häufig wiedergegebene Vasenbild eines vermeintlichen »Hominiden«, der sich mit einem menschlichen Wesen anfreundet (Abb. 7), zeigt in Wahrheit einen ganz typischen Satyr des zweiten Typs, der sich einem Weingefäß nähert, von dem irgendeine untergeordnete Gottheit den Deckel abgehoben hat. Die Vasenmaler bildeten die Satyrn eine Zeitlang in der traditionellen Manier ab, doch spätestens im 4. Jahrhundert v. Chr. wurde von Bildhauern ein neuer Satyrtyp geschaffen, der als Faun bezeichnet wird – ein Begriff, den die römische Mythologie übernahm.[2] Nur wenige Tiermerkmale des Satyrs blieben erhalten; lediglich die spitzen Ohren und das Faunsfell auf der Schulter verweisen noch auf den Ursprung des Bildwerks. Die Figur wurde jedoch gewöhnlich mit einer fleischigen Drüse unter dem Kinn und kleinen Hörnern ausgestattet. Sie erscheint in der Regel als Trunkenbold und lacht oft wie ein Verrückter.
In der griechischen Kunst finden sich erstaunlich wenig Darstellungen dämonischer Gestalten, und auch die Form des Satyrs entstand in einer relativ späten Zeit.[3] Ginge der Satyr auf irgendeinen echten Wildmenschen oder Hominiden zurück, würde man das genaue Gegenteil erwarten, und wir müßten dann eine Entwicklung von sehr realistischen Satyrn zu Darstellungen mit immer mehr mythologischen Attributen annehmen. Die ältesten Hinweise in der griechischen Literatur lassen darauf schließen, daß der Satyr ursprünglich ein träger ländlicher Dämon ohne spezifische Funktion war. Man macht es sich gewiß zu einfach, wenn man sich durch die späteren Darstellungen zu der Deutung verführen ließe, sie verkörperten das ursprüngliche Wesen dieser Gestalt. Dasselbe gilt auch für die Kentauren, die in den frühesten griechischen Sagen keineswegs als Pferdewesen erscheinen. Porschnews Theorie, die in Satyrn, Faunen, Silenen und Nymphen unterschiedlich geartete Abbilder überlebender Hominiden sieht, wird offenbar durch die antike Kunst und Literatur *nicht* gestützt.
Robert Graves, zweifellos einer der bedeutendsten lebenden Kenner der grie-

chischen Mythologie, sieht in den Satyrn die Verkörperung von Stammesmitgliedern eines Ziegentotems, die dem Waldgott Pan nachfolgten, und betrachtet die Kentauren als Stammesvertreter eines Pferdetotems, die den trunkenen Gott Dionysos verehrten.[4] In beiden Fällen vermutet er, daß zu den Ritualen Rauschzustände gehörten, die durch den Fliegenpilz *(Amanita muscaria)* erzeugt wurden. Dieser Pilz bewirkt Halluzinationen, zielloses Aufbegehren, prophetische Visionen, Erotisierung und einen ungewöhnlichen Kräftezuwachs – lauter Eigenschaften also, die üblicherweise den Satyrn und Kentauren der antiken Mythologie zugeschrieben werden.[5] Die Verbindung von Drogengebrauch und Götterverehrung gehört keineswegs der Vergangenheit an. Sie lebt in der Weißen Magie bis heute fort.

7 Ein behaarter Satyr nähert sich einem Weingefäß, von dem eine freundliche Nymphe den Deckel abgehoben hat. Griechische Vasenmalerei.

Wildmenschen des Mittelalters[6]

Der größte Teil der abendländischen Literaturzeugnisse, die sich mit Wildmenschen befassen, entstand ab dem 12. Jahrhundert, bildliche Darstellungen tauchen seit der Mitte des 13. Jahrhunderts auf. Seine größte Popularität erlebte der Wildmensch nach 1350. Danach schwand diese Beliebtheit in den verschiedenen Regionen zu verschiedenen Zeiten, mit Ausnahme einiger entlegener Gebiete, in denen der Wildmenschenglaube noch heute verbreitet ist.

Die Auffassungen vom Wildmenschen änderten sich mit der Zeit. Im Frühmittelalter war er nichts weiter als eine heidnische Vorstellung, eine Übernahme der alten griechisch-römischen Waldgeister und Halbgötter. Später manifestierte sich in ihm das mittelalterliche Interesse an Allegorien, Statusfragen und Glauben. Die Wildmenschengeschichten hatten einen Wildmenschenkult zur Folge. Auf ihm beruhen die wesentlichen Formen von Ritual und Mytho, die dann von Geschichtenerzählern ausgeschmückt und von Künstlern in Bildern dargestellt wurden.

Die mittelalterlichen Wildmenschen waren gewöhnlich behaart und trugen menschliche wie auch tierische Züge. Häufig waren sie mit einem Fell bedeckt, außer im Gesicht, an den Händen und Füßen. Sie hielten vielfach eine Keule in der Hand und wurden zuweilen mit einem Blätterrock abgebildet. Manche hatten Menschengestalt, andere fanden einen Platz in Bestiarien – auf dem ältesten bekannten Kartenspiel Europas wurden die Wildmenschen beispielsweise mit Pflanzen und Tieren auf eine Stufe gestellt. Ihr Wesen und ihr Charakter konnten durch die Hinzufügung oder Weglassung sekundärer Merkmale, etwa eines Schwanzes oder Hörnerpaars, verändert werden, und so verwandelten sie sich in Teufel, Faune oder Satyrn. Durch die Körperhaltung konnte zudem der Grad der Wildheit angedeutet werden. Eine aufrechte Haltung verriet, daß das betreffende Wesen menschenähnlich war, doch bisweilen wurden Wildmenschen (so zum Beispiel die Figur in Abb. 10, die angeblich den »wilden« Nebukadnezar zeigt) auf allen vieren dargestellt, um ihre tierische Natur zu charakterisieren. In Spensers *Feenkönigin* hat der Wildmensch hingegen eine vornehme Ahnenreihe – und deshalb ist er ein menschliches Wesen. In anderen Berichten erscheinen die Wildmenschen als Wahnsinnige oder als reine Phantasieprodukte.

Für den einfachen Menschen des Mittelalters war der Wildmensch gleichzeitig eine allegorische Gestalt, der Mittelpunkt eines Kults, ein realer oder sagenhafter Bewohner der Wildnis und eine Figur der Volksüberlieferung. Alle diese Vorstellungen bildeten eine unauflösliche Einheit.[7] Doch als eines

8 Männlicher und weiblicher Wildmensch aus einer englischen Handschrift des 14. Jahrhunderts.

In omnium q(ue) conflictu laus i
ocasio · amplius quam virtus
solent iuvare · in bello Et plus p(ro)
dest virtus bellatorum · quam mul
titudo eorum Nam paucos i
viros fortes natura procreat Et
bona institucio in precio ordinato
· plures eosdem reddit · Et merx
diccionibus spes victorie · ac promissum
premium · milites facit meliores ·
Ac industria exercitus per labo
rem proficit · et ocio consenescit Quo
circa noveris quod laudabiliores
et plus nos amantes · sunt capi
tanei iudices · et ductores · quorum
labor et usus verum exercitium ad
marciam instituit · quam illi q(ui)
enim milites ad obedienciam for
mido suppliciorum compellunt Ve
runtamen quando ad premium

scheint er *nicht* aufgefaßt worden zu sein: als ein primitiver Menschentyp im Sinne eines Hominidenrelikts.[8]

In vielen Gegenden und vielen Mythen wurden dem Wildmenschen bestimmte einheitliche Merkmale zugeschrieben. Er konnte in der Regel nicht sprechen und war unfähig, die Existenz Gottes zu erkennen, was im Mittelalter einer Katastrophe gleichkam. Seine Nahrung weicht in den verschiedenen Berichten voneinander ab, doch setzt sie sich im Prinzip aus Beeren, Eicheln und rohem Tierfleisch zusammen, wie es seiner einzelgängerischen Lebensweise entsprach. Wildmenschen lebten außerhalb der Gemeinschaft, sowohl körperlich – weil sie jenseits der Zivilisationsgrenzen hausten – als auch sozial – weil sie keinerlei weltliche oder religiöse Konventionen achteten. So konnte jeder Ort außerhalb der Zivilisation Wildmenschen beherbergen. Höhlen waren besonders beliebt, desgleichen tiefe Wälder.

Die Wilde Frau, die nur selten erwähnt und noch seltener abgebildet wurde, kommt zuweilen dort vor, wo es niemals Sagen von Wilden Männern gegeben hat oder wo diese untergegangen sind, und sie scheint einen vielfältigeren Lebensraum bewohnt zu haben, der sich von den Bergen und Wäldern in das offene Land hinein erstreckte. Manche Wilde Frauen besitzen lange Brüste, die über die Schultern geworfen werden (das ist ein häufig anzutreffendes Motiv des Volksglaubens), während andere klein und unscheinbar sind und als Wald- oder Moorjungfern bezeichnet werden. Bisweilen wird die Wilde Frau als Hexe aufgefaßt, und hierbei schwingen starke erotische Vorstellungen mit, denn solche Hexen sollen den Männern nachgestellt haben. Sie materialisieren sich hin und wieder in Träumen, und noch 1691 wurde in Schweden ein junger Mann zum Tode verurteilt, weil er mit einer solchen Wilden Frau *(skogra)* sexuell verkehrt hatte. Ein Zeichen dafür, wie lebenskräftig diese Tradition war und wie lange sie überdauert hat.

Wildmenschen kommen zwar in der mittelalterlichen Literatur in vielerlei Abwandlungen vor, aber offensichtlich *nicht* in zeitgenössischen Briefen oder offiziösen Dokumenten, nicht einmal in den sogenannten Exempla, die in Predigten eingestreut wurden und sich aus folkloristischen Elementen und klassischen Erzählungen oft antiken Ursprungs zusammensetzten.[9] Ließe sich der Wildmensch des Mittelalters tatsächlich auf einen echten, lebendigen Prototyp zurückführen, dann hätte sich doch mindestens *ein* Hinweis in solchen dokumentarischen Quellen erhalten.

Wildmenschen spielen in mittelalterlichen Gemälden und illuminierten Handschriften eine große Rolle. Sie werden in England vielfach »Wodewoses« genannt und oft mit langen Haaren oder einem Fell dargestellt. Eine weitere Gruppe von Bildern zeigt Schauspieler, die in Theaterstücken und Maskenspielen in Wildmenschenkostümen auftreten. Eine neuere Bestandsaufnahme[10] der Wildmenschendarstellungen vom 8. bis 16. Jahrhundert bringt zahlreiche Beispiele, in denen sich die literarischen Wildmenschenporträts wider-

9 Ein Wildmensch im Kampf mit Hunden. Komische Darstellung des 14. Jahrhunderts aus dem Psalterium der Königin Mary.

10 Nebukadnezar als Wildmensch, eine deutsche Buchillustration aus dem 15. Jahrhundert.

spiegeln. Affen und Menschenaffen sind ebenso eindeutig zu erkennen wie Wildmenschen, aber andere Primatenformen lassen sich unmöglich identifizieren.

Der Name »Wodewose« stammt vom angelsächsischen *Wudewasa* und enthält das spätaltenglische *wudu* für »Wald«. *Wudewasa* heißt demnach soviel wie »Waldmensch«, kann aber auch »Wilder«, »Satyr« oder »Faun« bedeuten. Der Begriff wurde später auf alle angewendet, die auf der Bühne oder in einem Umzug im Wildmenschenkostüm erschienen. Ivan Sanderson, der die besagte Bestandsaufnahme besorgte, vertritt die Meinung, daß die Erinnerung an die echten (hominiden) Wodewoses der Frühzeit verblaßte und daß diese Volksüberlieferung und die Berichte über neuentdeckte exotische Primaten

11 Ein keulenbewehrter Wildmensch des 15. Jahrhunderts über dem Portal der St.-Michael-Kirche in Peasenhall, Suffolk.

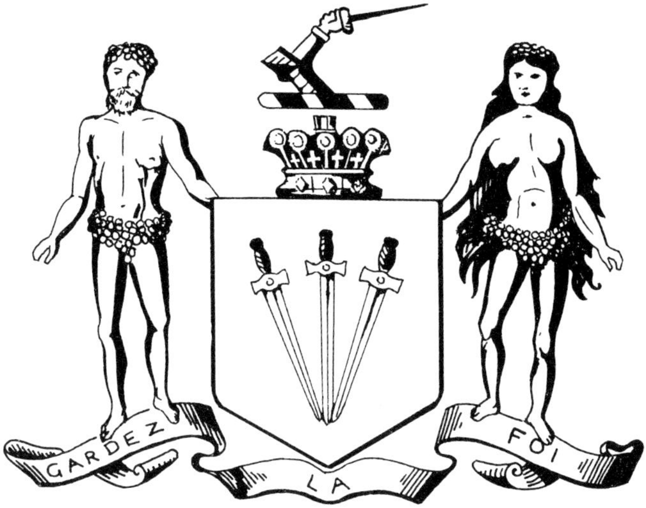

12 Wappen des Earl of Poulett; als Schildhalter sind ein männlicher und ein weiblicher Wildmensch dargestellt. Aus *Burkes Peerage.*

ein großes Durcheinander anrichteten. Immerhin lassen sich Wodewoses in Europa noch bis ins 15. Jahrhundert nachweisen; im Psalterium der Königin Mary, das aus dem 14. Jahrhundert stammt und heute in der British Library aufbewahrt wird, findet sich die anschauliche Darstellung eines behaarten Wildmenschen, der in einen Kampf mit Hunden verstrickt ist (Abb. 9).

Ich glaube, daß die Wodewoses eine Weiterentwicklung der antiken Satyrmythologie sind. Wenn sich ihre Darstellung im Laufe der Zeit gewandelt hat, so ist das lediglich ein Indiz für den Rollenwandel des Wildmenschen innerhalb des Kults, der sich um ihn herum entfaltet hat. Der Wodewose ist ein Fabelwesen, das sich vom Satyr nur dadurch unterscheidet, daß ihm der Schwanz fehlt und daß er häufig mit einer großen Keule ausgerüstet wurde. Er gehört seinem Wesen nach der Legende an. Die Tatsache, daß er vielfach in Verbindung mit anderen mythologischen Tieren auftritt, scheint diese Auffassung nur zu bestätigen.

Der Wildmensch (der möglicherweise mit dem »Grünen Mann« identisch ist) übernimmt die Rolle des Waldgeistes, eines heidnischen Naturgotts, der eine Reaktion auf die beengenden christlichen Rituale war. Sein Bild durchdringt die gesamte mittelalterliche Kunst, von der Architektur bis zur Heraldik. In der letzteren erscheint er oft als Schild- oder Wappenhalter. Mehr als 200 europäische Familien führen in ihrem Wappen Wildmenschen als Heroldsbilder und noch weit mehr als Schildhalter. Alle nackten Figuren werden in der Heraldik als »Wilde«, »Wildmenschen« oder »Waldmenschen« bezeichnet; die Namen sind mehr oder weniger austauschbar. Viele Mitglieder des englischen Adels haben ein Wappen, das solche Figuren enthält, und das des Earl of Poulett (Abb. 12) zeigt sogar einen männlichen *und* einen weiblichen »Wilden«. Das ist das einzige bekannte Beispiel, in dem beide vereint sind.

Wildmenschen (oder Grüne Männer) erscheinen auch als Holzschnitzwerke und baulicher Zierat des Mittelalters, und besonders häufig finden sie sich an den Seitenwänden und Miserikordien des Kirchengestühls. Grüne Männer haben häufig einen Mund, aus dem Laubwerk hervorquillt, und fünfzig oder mehr Darstellungen dieser Art sind allein aus England bekannt.[11] Sie wurden vielfach auch in Stein gehauen, entweder als Wasserspeier oder als Architekturteil (Abb. 11). In der Elisabethanischen Zeit hatten Wilde oder Grüne Männer vielerorts die Aufgabe, mit Stöcken den Weg für Prozessionen freizuhalten. In Schaugeprängen kämpften sie mit Drachen und wurden so zu beliebten »Volkshelden«. Sie tauchen zudem auf englischen Wirtshausschildern auf, obgleich sich Namen wie »Zum Grünen Mann« auch von einem grüngekleideten Förster (seit dem 17. Jahrhundert) oder von Robin Hood herleiten können, der gewöhnlich ein grünes Gewand trug.[12]

Die Rolle des Wilden Mannes in Tänzen und Umzügen ist ein interessantes Phänomen, das sich sehr lange hielt. Der Schauspieler, der einen Wilden Mann spielte, war mehr als ein bloßer Schauspieler. Er nahm gleichsam die Kraft eines Wildmenschen in sich auf. Indem er sich als Wildmensch kostümierte, *wurde* er zu einem Wildmenschen, nicht anders als tibetische Schauspieler, die auf der anderen Seite des Globus den Yeti in ihren rituellen Tanzdramen verkörpern. Die wohl berühmteste künstlerische Darstellung einer solchen Wildmenschenszene stammt von Pieter Bruegel d. Ä., auf dessen Bild *Streit des Karnevals mit den Fasten* der Kaiser und sein Gefolge einen armen Wilden Mann umringen, der von einer weiblichen Gestalt mit einem Ring dirigiert wird (Abbildung auf dem Vorsatz des Buches). Das dargestellte Stück, das offensichtlich von einer kleinen Schauspielertruppe aufgeführt wird, ist typisch für die Wiedergabe der klassischen Wildmenschenlegenden: die Jagd auf einen Wilden Mann und seine Entdeckung in den Bergen oder seine Errettung durch eine Prinzessin.

Wir haben uns damit ein gutes Stück von dem einfachen Wilden Mann entfernt, der in den unzugänglichen Wäldern des Mittelalters sein Unwesen trieb, doch befinden wir uns noch immer im Reich der Phantasie und der Einbildungskraft. Bis zum Beweis des Gegenteils bleibt der europäische Wildmensch, ob er nun Wodewose, Grüner Mann, Satyr oder anders genannt wird, ein Geschöpf der Legende und Sage. Es ist möglich, daß im Mittelalter vereinzelt echte Hominidenrelikte irgendwo in der Welt gesichtet worden sind, aber glaubwürdige Beschreibungen sind nicht auf uns gekommen. Der

13 Ein »wilder Mann« des 16. Jahrhunderts in einem Karnevalskostüm aus Tierfell, in das an den Knien und Ellbogen Löcher eingeschnitten sind, um die Bewegungsfreiheit zu erhöhen.

europäische Wildmensch ist ein Mythos, der mit der Zeit immer mehr ausgeschmückt wurde, doch stets im Einklang mit der Volksüberlieferung der Zeit steht.

Verwilderte Kinder

Die legendären Romgründer Romulus und Remus wurden von einer Wölfin gesäugt, und seit jener Zeit hat es immer wieder Berichte über »verwilderte« Kinder gegeben – Kinder, die fern von allen Menschen in der Wildnis aufwuchsen. Ein Teil dieser Berichte ist reine Erfindung, doch einige scheinen auf Tatsachen zu beruhen. In seinem Buch *Les Enfants Sauvages* (1974) verzeichnet Lucien Malson 53 einschlägige Fälle seit 1344. Den Abschluß bildet die Geschichte eines Jungen, der 1973 im Dschungel von Sri Lanka entdeckt wurde, wo er augenscheinlich von Affen aufgezogen worden war.[13] Es besteht kaum ein Zweifel, daß Kinder zu verschiedenen Zeiten und in verschiedenen Weltgegenden längere Zeit mit Erfolg in der Wildnis überlebt haben.

Finden sich in diesen Berichten nur zuverlässige Beschreibungen von Kindern, die von Tieren großgezogen wurden, oder gar – was noch aufregender wäre – von Kindern von Hominidenrelikten? Hier steht man wieder vor dem Problem, wie man Fakten und Fiktion trennen soll oder wie man zumindest die vermeintlichen Fakten interpretiert. Im Falle der berühmten indischen Wolfskinder, die der Geistliche J. A. L. Singh 1920 aus einem Wolfslager in der Nähe von Midanpore rettete, bestand zum Beispiel eine unbestreitbare Beziehung zwischen Wolf und Kindern, die von vielen Augenzeugen bestätigt wurde (Wölfe kennen ein hochentwickeltes Sozialleben und fungieren in zwei Dritteln der berichteten Fälle als »Eltern«).[14] Aber in welchem Alter waren die Kinder in die Gesellschaft der Wölfe geraten? Hätten sie wirklich die ersten Jahre nach der Entwöhnung überleben können, oder wurden sie bereits wenige Tage nach ihrem Verschwinden wieder entdeckt?

In vielen Berichten ist von irgendeiner Beziehung zu »Tiereltern« nicht die Rede, so etwa in der nachfolgenden Passage. Sie erzählt von der Auffindung eines verwilderten Mädchens im Jahre 1767, das von Bewohnern von Fraumark im ungarischen Tiefland entdeckt wurde, die in den Bergen auf Bärenjagd waren:

»Sie kamen zu einer Felsenhöhle, in der sie ein völlig nacktes wildes Mädchen fanden. Sie war groß, kräftig und ungefähr 18 Jahre alt. Ihre Haut war sehr braun, und sie wirkte verängstigt. Ihr Benehmen war sehr ungeschlacht. Sie mußten Gewalt anwenden, um sie zum Verlassen der Höhle zu bewegen. Doch sie weinte nicht und vergoß keine einzige Träne. Schließlich gelang es ihnen, sie nach Karpfen zu bringen, einer kleinen Stadt in der Grafschaft Altsohl, wo sie in einem Asyl eingeschlossen wurde. Sie aß nur rohes Fleisch . . .«

Dieser Bericht handelt eindeutig von einem verwilderten Kind, doch nichts

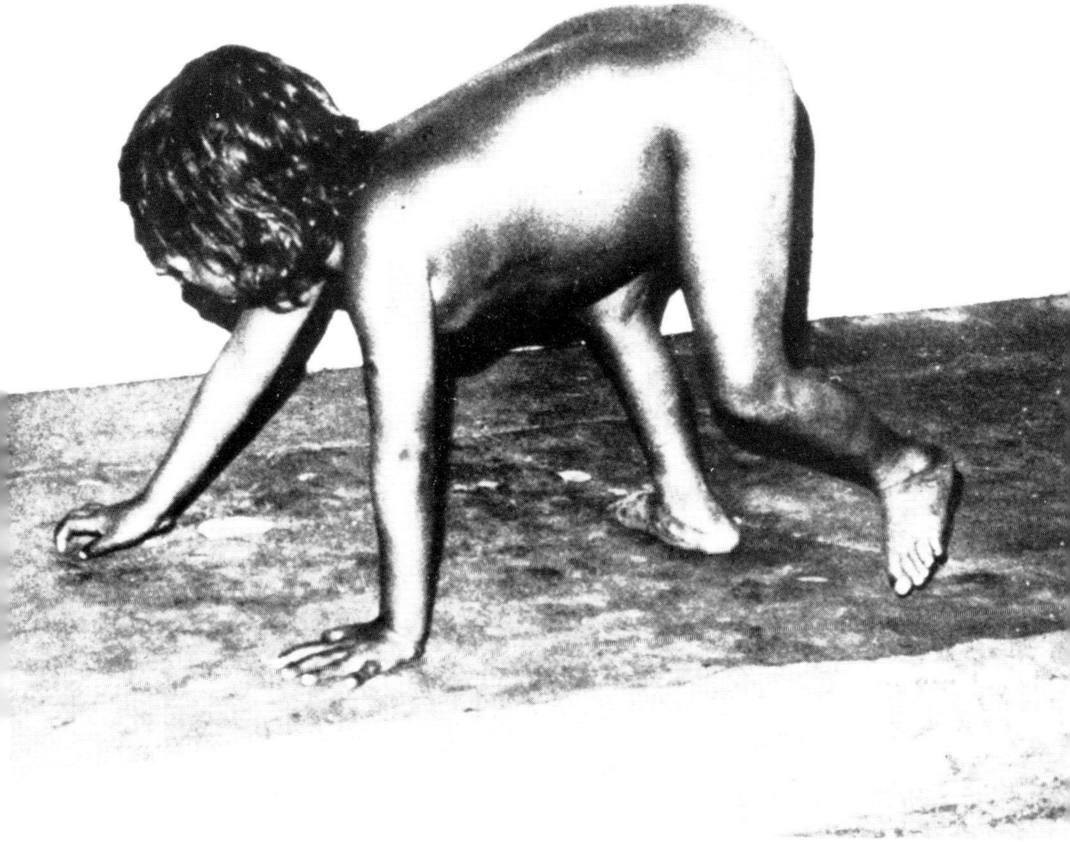

14 Der »Affenjunge« von Sri Lanka, der 1973 entdeckt wurde. Er war zehn bis zwölf Jahre alt und lebte zusammen mit einer Affenfamilie im südlichen Ceylon.

deutet darauf hin, daß das Kind von Tieren adoptiert worden war oder daß es etwas anderes gewesen sein könnte als ein in der Entwicklung zurückgebliebenes Exemplar der Subspezies *Homo sapiens sapiens.* Sowohl dieser Bericht als auch die nachstehend geschilderte Entdeckung eines Wildmenschen[16] sind von einigen Autoren als Beleg für das Überleben von Hominiden in Europa angeführt worden. Wir haben es jedoch offenbar eher mit Beschreibungen von unglückseligen Menschen zu tun, die vielleicht an einer Geisteskrankheit litten.

15 Der »wilde Knabe« von Aveyron, der 1799 in Mittelfrankreich von Jägern aus einem Baum geholt wurde.

»Nach Aussage von Roy sahen Hirten in den Pyrenäen, die ihre Herden im Wald von Ivary hüteten, im Jahre 1774 einen wilden Menschen, der in einer Felsspalte hauste. Er schien ungefähr 30 Jahre alt zu sein, war sehr groß und war behaart wie ein Bär, und er konnte so schnell laufen wie eine Gemse. Er wirkte aufgeweckt und glücklich, und nach seinem Äußeren zu urteilen, hatte er keinen unfreundlichen Charakter. Er hatte niemals mit anderen Menschen zu tun gehabt und schien daran auch nicht interessiert zu sein. Er näherte sich oft den Hütten der Schäfer, ohne auch nur den Versuch zu machen, etwas zu entwenden. Milch, Brot und Käse waren ihm augenscheinlich unbekannt, denn er nahm diese Dinge nicht an, selbst wenn man sie ihm in den Weg legte. Sein größtes Vergnügen bestand darin, die Schafe zu erschrecken und die Herden auseinanderzujagen.«

Dies ist nur einer von zahlreichen Berichten über Individuen, die aus dem einen oder anderen Grund außerhalb der Gesellschaft leben wollten oder denen die Gemeinschaft verwehrt worden war.[17] Da eine jede Gesellschaft dazu neigt, all jene, die ihre Wertvorstellungen und Gebräuche aus irgendwelchen Gründen ablehnen, mit mißtrauischen Blicken zu betrachten, galten solche Außenseiter entweder als geistesgestört oder als mit magischen Kräften begabt, vor allem wenn es sich um Frauen handelte. Der soziale Druck, verwilderte Kinder wieder in die Zivilisation einzugliedern, war andererseits groß. Das »Wolfskind« aus Hessen beispielsweise, das 1344 entdeckt wurde, nachdem es vier Jahre lang im Wald unter Wölfen gelebt hatte, konnte sich nur auf allen vieren fortbewegen, und so band man seine Beine an Bretter, damit es wie ein normaler Mensch gehen lerne. Verwilderte Kinder, die in die Zivilisation zurückkehrten, waren nur selten imstande, mehr als ein paar Wörter zu lernen, und starben meist schon nach kurzer Zeit.

Eine Ausnahme bildet ein Junge, der 1799 in den Wäldern von Aveyron in Mittelfrankreich wiedergefunden wurde, nachdem er sich einige Jahre zuvor bei einem Streifzug durch den Wald verirrt hatte (Abb. 15).[18] Er hatte sich von Beeren und Nüssen ernährt, und ihm gefiel offenbar dieses Leben, denn er lief seinen wohlmeinenden Häschern wieder davon. Nach einem kurzen Leben in Freiheit wurde er abermals eingefangen und von einem angesehenen Psychologen untersucht, der eine unheilbare Geisteskrankheit diagnostizierte. Doch der Junge – er hieß Victor – hatte Glück, denn er kam in die Obhut des Taubstummenlehrers Jean-Marc Itard, der eine erstaunlich fortschrittliche Lehrmethode praktizierte. Victor wurde fast 40 Jahre alt und besaß anscheinend ein sympathisches und gewinnendes Wesen. Seine Geschichte hat François Truffaut 1970 in seinem bezaubernden Film *L'Enfant Sauvage* geschildert.

Neueste Forschungen widerlegen alle diejenigen, die bezweifeln, daß Kinder längere Zeit in der Wildnis überleben können, oder die die Möglichkeit einer Aufzucht durch Tiere ausschließen. Man hat das Verhalten von verwilderten Kindern beobachtet, die noch Kontakt zu ihren tierischen Beschützern hatten. Der französische Anthropologe Jean-Claud Armen veröffentlichte 1974 einen Bericht über den sogenannten »Gazellenjungen« in der Sahara,[19] dessen Verhaltensformen vollständig in die eines Gazellenrudels integriert waren, bis in winzige Einzelheiten der Körperhaltung und Bewegung. Das Kind war geistig weder unterentwickelt noch anomal – trotz der gängigen Ansicht, daß alle Wildkinder an solchen Defekten leiden.[20]

Es sind weitere verbürgte Fälle bekannt geworden, unter anderem zwei »Gazellenjungen« aus Nordafrika, ein siebenjähriger »Affenjunge« aus der zentralafrikanischen Republik Burundi und ein weiterer »Affenjunge« aus dem Urwald von Sri Lanka.[21] Keiner dieser Berichte scheint indes echte Hinweise auf Hominidenrelikte zu enthalten, nicht einmal die detaillierteste Geschichte von allen, die aus dem Gebiet des heutigen Rumänien stammt und von Bajanow und Burtsew vom Moskauer Darwin-Museum als endgültiger Beweis für das Überleben von Hominiden betrachtet wird. Der Originaltext wurde 1786 niedergeschrieben, nur zwei Jahre nachdem das Kind zuletzt gesehen worden war. Der Bericht erschien erst in späteren Kompendien:

»Hier sind Informationen über den wilden Knaben, der vor einigen Jahren im Siebenbürgen-Wallachischen entdeckt und nach Kronstadt geschafft wurde, wo er 1784 noch immer lebt. Wie der arme Junge in den Wäldern gerettet wurde ... kann ich nicht sagen. Die Tatsachen müssen jedoch in der Galerie erhalten bleiben, die traurige Bilder dieser Art aufbewahrt.

Der unglückliche Junge war mittelgroß. Sein Blick war außergewöhnlich wild. Seine Augen lagen tief im Kopf und wurden heftig gerollt. Die Stirn war stark nach innen gewölbt und das aschgraue Haar kurz und derb. Er hatte dichte braune Augenbrauen, die weit über den Augen vorstanden, und eine kleine, plattgedrückte Nase. Sein Hals wirkte aufgeschwollen, und die Luftröhre schien mit einem Kropf behaftet zu sein. Sein Mund stand ein wenig vor, wenn er ihn halb öffnete, was er gewöhnlich tat, da er durch den Mund atmete. Seine Zunge war fast unbeweglich, und die Wangen wirkten eher hohl als voll, und sie waren, wie sein Gesicht, von einer schmutziggelben Haut bedeckt. Nach dem ersten Blick auf sein Gesicht, von dem etwas Wildes und Tierisches ausging, hatte man den Eindruck, daß er kein vernünftiges Wesen sein könne. ... Die übrigen Körperteile des wilden Knaben, vor allem der Rücken und die Brust, waren dicht behaart; die Muskeln seiner Arme und Beine waren kräftiger und deutlicher sichtbar als bei normalen Menschen. Die Hände waren schwielig ... an den Fingern hatte er sehr lange Nägel und auf den Ellbogen und Knien knotige Verdickungen. Die Zehen waren länger als gewöhnlich. Er ging aufrecht, aber ein wenig schwerfällig. ... Er streckte den Kopf und die Brust vor. ... Er ging barfuß und wollte keine Schuhe an den Füßen tragen. Er war der Sprache völlig unkundig. ... Die Laute, die er von sich gab, waren ein unverständliches Gemurmel, das er hören ließ, wenn sein Wächter ihn vor sich her trieb. Dieses Murmeln steigerte sich zu einem Geheul, wenn er einen Wald oder auch nur einen Baum erblickte. ... Als ich ihn zum erstenmal sah, hatte er keinen Sinn für Eigentum. Wahrscheinlich brachte er seine völlige Fremdheit in der neuen Lage und sein Verlangen nach dem früheren Leben in der Wildnis zum Ausdruck, wenn er einen Garten oder Wald erblickte. ... Abgesehen von dem ursprünglich menschlichen Körper, der in solchem wilden Zustand gewöhnlich Mitleid erregt, und abgesehen von seinem aufrechten Gang, vermißte man bei ihm all die Eigenschaften, die ein menschliches Wesen von den Tieren unterscheiden. ... Anfangs bestand seine Nahrung nur aus allen möglichen Baumblättern, Gras, Wurzeln und rohem Fleisch, und nach Aussage der Person, die ihn betreute, verging ein ganzes Jahr, bis er lernte, gekochte Speisen zu sich zu nehmen. Dann begann ganz offenkundig seine tierische Wildheit zu schwinden.

Ich vermag nicht zu sagen, wie alt er war. Nach seinem Äußeren zu schließen hätte er 23 bis 25 Jahre zählen können. Wahrscheinlich wird er niemals sprechen lernen. Als ich ihn nach drei Jahren wiedersah, fand ich ihn noch immer sprachlos, doch in vielen anderen Dingen sehr auffällig verändert. Sein Gesicht hatte zwar noch einen gewissen tierischen Ausdruck, war aber sanfter geworden. ... Das Verlangen nach Nahrung, die er nun in jeder Form liebte (insbesondere Gemüse), zeigte er durch verständliche Laute an. ... Er hatte sich daran gewöhnt, Schuhe und andere Kleidungsstücke zu tragen, aber es störte ihn nicht, wenn sie auch noch so sehr zerrissen waren. Allmählich konnte er den Weg zu seinem Haus ohne einen Führer finden; die einzige Arbeit, zu der man ihn gebrauchen konnte, bestand darin, daß man ihm einen Wasserkrug in die Hand drückte, den er dann am Brunnen füllte und nach Hause brachte. ... Sein Nachahmungstrieb zeigte sich bei vielen Gelegenheiten; doch nichts machte einen dauerhaften Eindruck auf ihn. Selbst wenn er etwas mehrere Male imitiert hatte, vergaß er es bald wieder, ausgenommen die Gewohnheiten, die seinen natürlichen Bedürfnissen entsprachen, als da sind Essen, Trinken, Schlafen usw. ... Er glich einem Kind insofern, als er alles anstarrte, was man ihm zeigte; mit demselben kindlichen Mangel an Konzentration wandte er jedoch seinen Blick von den alten Gegenständen ab und neuen zu. Wenn man ihm einen Spiegel vorhielt, blickte er hinter ihn, um dort sein Abbild zu suchen. Doch er war vollkommen gleichgültig, wenn er es nicht fand, und ließ es zu, daß der Spiegel seinem Gesichtsfeld entzogen wurde. Die Töne von Musikinstrumenten schienen ihn ein wenig zu interessieren, aber das Interesse war sehr oberflächlich und hinterließ keinerlei Eindruck. .. Seit dem Jahr 1784, als er Kronstadt verließ, hatte ich keine Gelegenheit mehr, irgendwelche weiteren Berichte über ihn zu erhalten.«[22]

In meinen Augen ist das die exemplarische Beschreibung eines verwilderten Kindes (obwohl der Junge vielleicht schon 25 Jahre alt war), wobei ein ausgeprägter geistiger Defekt angedeutet wird. Wendungen wie »die Stirn war stark nach innen gewölbt« oder »die Muskeln seiner Arme und Beine waren kräftiger und deutlicher sichtbar als bei normalen Menschen« verführen dazu, hier Merkmale eines Hominidenrelikts festzustellen. Aber die Beweise reichen nicht aus für eine eindeutige Identifizierung. Der Bericht zeichnet sich durch große Detailfülle aus und ist mit großer Wahrscheinlichkeit nicht erfunden. Doch er bringt uns bei der Suche nach der Verbreitung der Wildmenschen in vergangenen Zeiten nicht weiter.

Obgleich die historischen Wildmenschenbeschreibungen nicht als Bestätigung der Hominidenrelikt-Theorie gewertet werden können, stößt man immer wieder auf so lebendige und eingehende Schilderungen, daß man die Möglichkeit in Betracht ziehen möchte, sie ließen sich durch Fakten erhärten. In dem folgenden Auszug aus *De rerum naturae* (1. Jahrhundert v. Chr.) beschreibt Lukrez eine erdgeborene Rasse von Menschen, die »größere und festere Knochen besaßen, welche durch starke, quer über das Fleisch verlaufende Sehnen miteinander verbunden waren, und denen Hitze oder Kälte oder ausgefallene Nahrung oder ein körperlicher Makel nicht leicht etwas anhaben konnte. ... Auch wußten sie noch nicht, wie man sich das Feuer nutzbar macht oder wie man das Fell wilder Tiere zur Bekleidung des Körpers verwendet; vielmehr hausten sie in Wäldern und in Höhlen auf den Bergen, und im Gebüsch verbargen sie ihre derben Glieder, wenn sie gezwungen waren, dem Ansturm des Windes und den Regenschauern auszuweichen. ... Und gleich borstigen Ebern betteten diese Waldmenschen ihre nackten Gliedmaßen auf dem Boden, wenn die Nacht sie überraschte, und sie hüllten sich ein in Blätter und Laubwerk.«

Das ist eine unheimlich genaue Darstellung des prähistorischen Menschen, die sich mit den Erkenntnissen der modernen Archäologie deckt. Die Einzelheiten des Berichts legen die Vermutung nahe, daß er auf Tatsachen basiert. Doch ob Lukrez hier Hominidenrelikte oder lediglich eine zurückgebliebene Rasse anatomisch moderner Menschen beschreibt, ist schwer zu entscheiden.

Wenn wir uns jetzt neueren Wildmenschenbeschreibungen zuwenden, kommt es uns nicht nur auf die entsprechende Anschaulichkeit und Realistik der Darstellung an, sondern auch auf die inhaltlichen Übereinstimmungen. Bevor wir auch nur die Möglichkeit in Betracht ziehen, daß Hominiden bis heute überlebt haben, müssen die Berichte den Test der Häufigkeit und inneren Widerspruchsfreiheit bestehen.

II.
DER GROSSFUSSMENSCH IN NORDAMERIKA

Allzu oft erklären uns die Forscher, daß der nordamerikanische Sasquatch (auch Bigfoot oder Großfußmensch) entweder wirklich existiere oder aber der größte und raffinierteste Schwindel der Geschichte sei. In der Tat ist es durchaus möglich, daß beide Aussagen zum Teil richtig sind. Selbst eingefleischte Sasquatch-Skeptiker werden allmählich schwach angesichts der rasch ansteigenden Flut von Beweisen, die für die Existenz dieses riesenwüchsigen Primaten sprechen: mehr als 1000 Sichtungen durch indianische und weiße Jäger, Fallensteller und viele andere; Berichte, Fotos und Spurenabgüsse, unter denen sich auch der eines verkrüppelten Sasquatch befindet; Exkremente und Haare, die man neben den Spuren entdeckt hat; Tonaufnahmen von Lautäußerungen; und schließlich eine reiche indianische Folklore, die sich auf unser Thema bezieht. Außerdem besitzen wir den berühmten Film, den Roger Patterson offenbar von einer Sasquatch-Frau gedreht hat.
Angesichts dieses Beweismaterials ist es eigentlich kaum begreiflich, daß jemand noch Zweifel hegt. Doch aus drei guten Gründen ist die Sache keineswegs so einfach, wie sie sich zunächst anhört. Zum ersten sind viele Aussagen doppeldeutig, und es steht außer Zweifel, daß einige (wenn auch nur ein kleiner Teil) bewußt gefälscht sind. Zweitens widerstrebt es vielen Menschen, der Möglichkeit ins Auge zu sehen, daß große, nicht bestimmbare Primaten in den Wäldern des zivilisierten Amerika hausen könnten. Daran ändert auch die Tatsache nichts, daß die meisten Berichte aus den dichtbewaldeten und unbesiedelten Regionen des pazifiknahen Nordwestens kommen, die sich vom nördlichen Kalifornien im Süden bis nach Britisch-Kolumbien im Norden erstrecken. Das dritte, wohl größte Problem besteht jedoch darin, daß der Sasquatch von der Presse und den anderen Medien erbarmungslos ausgeschlachtet wird. Dies hat zur Folge, daß die Trennung von Tatsachen und Erfindungen, von seriösen Augenzeugenberichten und Schwindeleien immer schwieriger wird. Der Großfußmensch ist zu einem großen Geschäft geworden.[1] Er lockt Touristen an und fördert den Verkauf von Zeitungen, Büchern, Souvenirs und Rundflügen über den Gebieten, in denen der Sasquatch angeblich beobachtet werden kann.
Tausende von Geschichten finden sich in der umfangreichen Sasquatch-Literatur. Sie werden ausgiebig diskutiert, verglichen, analysiert und kritisiert von all jenen, die sich dazu berufen fühlen. Es lohnt sich jedoch, vor allem einige der frühen Berichte genauer zu untersuchen, die entstanden, bevor der Sasquatch in die Schlagzeilen geriet. Schon 1784 stand in der Londoner *Times,* daß Indianer am sogenannten Lake of the Woods in Manitoba ein »riesiges, menschenähnliches und mit Haaren bedecktes« Lebewesen gefangen hätten. Genau 100 Jahre später veröffentlichte der *Colonist,* die Regionalzeitung von Victoria in Britisch-Kolumbien, in der Ausgabe vom 4. Juli folgende ungewöhnliche Story unter der Überschrift »Was ist das? Ein seltsames Lebewesen oberhalb von Yale gefangen! Ein Gorilla in Britisch-Kolumbien«: »Unweit des

Tunnels Nr. 4, etwa 20 Meilen oberhalb dieses Dorfes [Yale] gelegen, erheben sich steile Felsen, die bislang als unbesteigbar galten. Am letzten Montagmorgen jedoch sind sie von Mr. Ondersons Angestellten bezwungen worden, die mit dem fahrplanmäßigen Zug aus Lytton gekommen waren. Mr. Costerton, dem Boten der British Columbia Express Company, und mehreren Männern aus Lytton und aus Orten östlich dieses Dorfes ... gelang es, ein Geschöpf einzufangen, das man wahrheitsgemäß als halben Menschen und halbes Tier bezeichnen könnte. ›Jacko‹, wie die Fänger das Geschöpf nannten, ähnelt einem Gorilla; er ist stehend vier Fuß und sieben Zoll [ca. 140 cm] groß und wiegt 127 Pfund [ca. 58 kg]. Er hat langes, schwarzes, kräftiges Haar und gleicht einem Menschen, ausgenommen daß sein ganzer Körper, abgesehen von den Händen (oder besser Tatzen) und Füßen, mit glänzenden Haaren bedeckt ist, die ungefähr ein Zoll [2,5 cm] lang sind. Seine Vorderarme sind viel länger als die eines Menschen, und er verfügt über außerordentliche Kräfte. Er packt beispielsweise einen Stock und zerbricht ihn durch Verdrehen und Winden, was kein Mensch auf dieselbe Weise fertigbrächte. Seit seiner Gefangennahme ist er sehr schweigsam und läßt nur gelegentlich einen Laut hören, der wie eine Mischung aus Bellen und Knurren klingt. Er schließt sich jedoch von Tag zu Tag enger an seinen Wärter Mr. George Tilbury an, der in Kürze mit ihm nach London in England aufbrechen möchte, um ihn dort zur Schau zu stellen. Seine Lieblingsnahrung sind bisher Beeren, und er trinkt mit sichtlichem Behagen frische Milch. Auf den Rat von Dr. Hannington hat man Jacko bis jetzt rohes Fleisch vorenthalten, da der Arzt befürchtet, es könnte ihn wild machen. Er wurde auf folgende Weise eingefangen: Als der Lokomotivführer Ned Austin den steilen Felsen am Ostausgang des Tunnels Nr. 4 erblickte und dort etwas sah, was er für einen neben den Geleisen schlafenden Mann hielt, gab er sofort das Bremssignal. Die Bremsen wurden unverzüglich betätigt, und bereits nach wenigen Sekunden kam der Zug zum Stehen. Im selben Augenblick sprang die Gestalt auf und begann den steilen Felsen emporzuklettern. Der Schaffner R. J. Craig und der Expreßbote Costerton, gefolgt vom Gepäckwagenschaffner und den Bremsern, sprangen aus dem Zug und nahmen sogleich die Verfolgung auf, denn sie wußten, daß der Zug 20 Minuten zu früh war. Nach einer fünfminütigen gefährlichen Kletterei war der Flüchtling, den sie für einen betrunkenen Indianer hielten, auf einem Felsvorsprung eingekreist, von dem er weder nach oben noch nach unten entkommen konnte. Das Problem, ihn lebend einzufangen, wurde sehr schnell von Mr. Craig gelöst, der auf Händen und Knien vorankroch, bis er sich ungefähr 40 Fuß [etwa 12 m] über dem Geschöpf befand. Er ergriff einen kleineren, losen Felsbrocken und ließ ihn hinunterfallen, was den armen Jacko vorübergehend außer Gefecht setzte und unfähig machte, sich zu verteidigen. Daraufhin wurde der Glockenstrang geholt und Jacko auf den sicheren Boden hinabgelassen. Nachdem man ihn gefesselt und im Gepäckwagen untergebracht hatte, ertön-

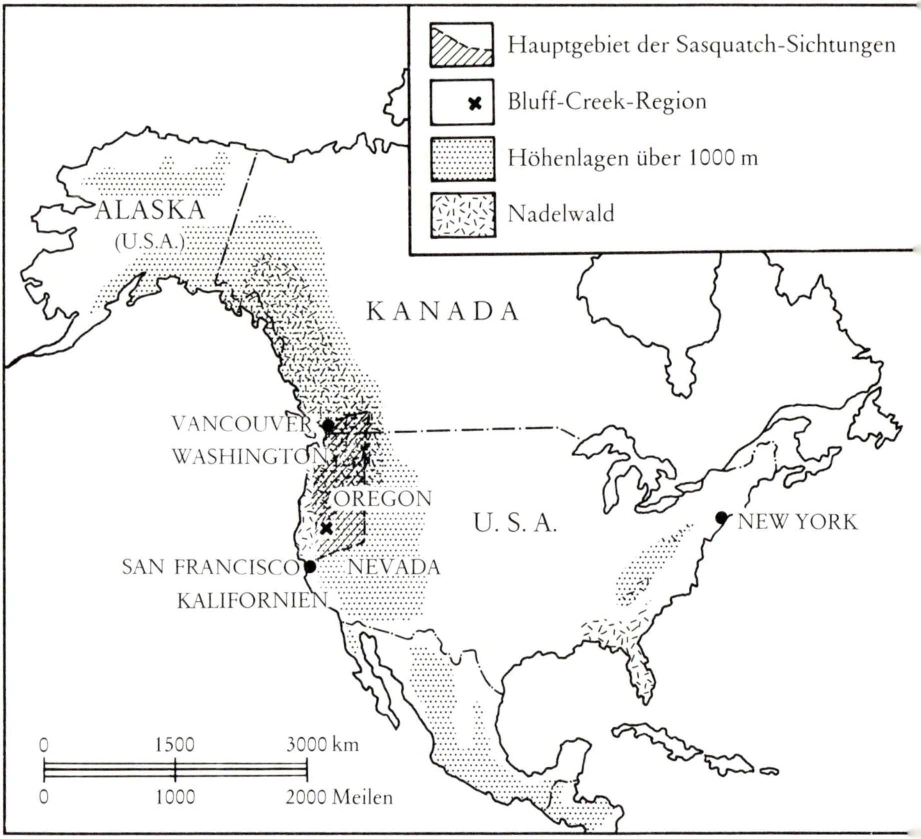

16 Sasquatch- oder Bigfoot-Sichtungen in Nordamerika.

te das Signal ›Bremsen frei‹, und der Zug setzte die Fahrt nach Yale fort. Im Bahnhof hatte sich eine große Menschenmenge versammelt, die durch einen Telefonanruf von Spuzzum Flat von dem seltsamen Fang erfahren hatte. Jeder wollte als erster einen Blick auf das ›Ungeheuer‹ werfen. Doch die Leute wurden enttäuscht, denn man hatte Jacko schon in der Reparaturwerkstatt abgesetzt und seinem gegenwärtigen Wärter übergeben.
Es stellt sich natürlich die Frage, wie das Geschöpf dorthin gelangt war, wo es von Mr. Austin erstmals gesehen wurde. Aus Hautabschürfungen an Kopf und Körper und offensichtlichen anderen Verletzungen kann man schließen, daß Jacko sich zu nahe an den Rand des Steilhangs herangewagt hatte, ausgeglitten und abgestürzt war und dort liegenblieb, wo er gefunden wurde, bis ihn das Geräusch des fahrenden Zuges aufschreckte. Mr. Thos. White und der Ingenieur Mr. Gouin sowie Mr. Major, der in den letzten beiden Jahren etwa eine halbe Meile westlich des Tunnels einen kleinen Laden betrieb, haben be-

richtet, sie hätten an verschiedenen Stellen zwischen den Camps 13 und 17 ein seltsames Lebewesen beobachtet, aber man schenkte diesen Aussagen keine Beachtung, da man sich mit der Annahme zufriedengab, sie hätten entweder einen Bären oder einen streunenden Indianerhund gesehen. Wer aber kann das Rätsel lösen, das noch heute Jacko umgibt? Gehört er einer Spezies an, die in diesem Teil des Kontinents bislang unbekannt war, oder ist er tatsächlich ein verrückter Indianer, wie die Eisenbahner zunächst annahmen?«

Dieser Zeitungsbericht wurde hinterher von einem alten Mann namens August Castle bestätigt, der zu der betreffenden Zeit noch ein Kind war und in der fraglichen Stadt lebte. Das weitere Schicksal des Jackos ist unbekannt; manche behaupten allerdings, er sei, in Begleitung von Mr. Tilbury, in einem Käfig per Bahn nach Osten verfrachtet worden, um dort ausgestellt zu werden, aber unterwegs gestorben. Dieselbe Zeitung hat seither eine Reihe von weiteren Sichtungen ähnlicher Lebewesen gemeldet.

Eine der besten neueren Übersichten zur Sasquatch-Frage stammt von dem »alten Hasen« John Green,[2] der mehr als 1 000 Sichtmeldungen überprüfte. Er ging von dem Grundsatz aus: *Falls* ein solches Lebewesen tatsächlich existiert, dann *muß* ein großer Teil der Berichte authentische Beobachtungen enthalten – und falls diese übereinstimmen, müßte sich aus ihnen ein zutreffendes Porträt ergeben. Zwei Berichte sind besonders interessant, weil sie beeidigt worden sind. Sie wurden beide erst einige Jahre nach dem oben geschilderten Ereignis aufgezeichnet.

Die sogenannte Chapman-Story verdanken wir einer einfachen Indianerfamilie, die in Ruby Creek am Frazer River in Britisch-Kolumbien lebte. Ihre Farm wurde an einem Tag des Jahres 1940 von einem 2,40 m großen Sasquatch-Mann aufgesucht, der aus den umliegenden Wäldern kam und sich dem Anwesen näherte. Mrs. Chapman packte ihre Kinder und floh, nachdem sie den Eindringling sorgfältig gemustert hatte, den sie zunächst für einen Bären hielt, also für ein Tier, das ihr vertraut war. Als die Luft wieder rein war, kehrte die Familie zum Haus zurück. Sie fand überall große Fußspuren, die 40 × 20 cm maßen, die Schrittlänge betrug 1,20 m. Ein schweres Faß mit Salzfischen war umgeworfen und der Inhalt verstreut worden. Die Beschreibung und Körpermaße des Lebewesens liegen durchaus in dem Spielraum, der für Sasquatch-Männer bekannt ist, und das Ereignis, insbesondere die Vorliebe, die diese Wesen für Fisch entwickeln, hat seine Parallelen in Berichten von Russen aus dem Pamir.

Ein späteres und noch berühmteres Zusammentreffen fand 1955 statt, als William Roe, ein Straßenbauer und erfahrener Jäger und Waldläufer, ein Gebiet in den Mica-Bergen Britisch-Kolumbiens durchforschte. Er sah eine Sasquatch-Frau, etwa 1,90 m groß und sehr breit gebaut, ganz bedeckt mit dunkelbraunen, an den Spitzen silbrig schimmernden Haaren und mit schweren Brüsten. Roe erkannte lange Arme und breite Füße und beobachtete, daß das

Geschöpf beim Gehen zuerst die Fersen aufsetzte, wie es für einen Menschen charakteristisch ist, der große Schritte macht. Der Kopf wirkte hinten höher als vorne, die Nase war abgeflacht, und das Wesen hatte menschliche Ohren und kleine, dunkle Augen. Besonders fiel Roe der sehr kurze, kaum wahrnehmbare Hals auf, aber er hatte nicht genug Zeit, um über seine Beobachtung nachzudenken, denn die Sasquatch-Frau eilte davon, während sie ihn beim Gehen über die Schulter anblickte.

Zitiert werden muß auch der berühmte Bericht von Albert Ostman, einem Holzfäller skandinavischer Herkunft, der behauptete, er sei 1924 während eines Jagd- und Campingurlaubs an der Toba-Bucht, gegenüber der Insel Vancouver, von einem Sasquatch gefangengenommen worden. Ostman behielt diese merkwürdige Geschichte jedoch jahrelang für sich, weil er vernünftigerweise annehmen mußte, daß man ihm doch nicht glauben würde. Er schätzte, daß der Sasquatch, der ihn eines Nachts mitsamt seinem Schlafsack aufhob, ihn anschließend rund 40 km durch die Berge getragen hat. Er fand sich jedenfalls inmitten einer kompletten Familie wieder, die aus Vater, Mutter, Sohn und jüngerer Tochter bestand und in einem von Felsen umschlossenen Tal hauste, wo er sechs Tage blieb, ohne daß man ihn bedroht hätte.

Ostman lieferte eine sehr genaue Beschreibung der Familie, der er schließlich entkam. Dabei betonte er vor allem ihr menschenähnliches Verhalten, obwohl sie weder Feuer noch Werkzeuge kannte. Gäbe es nicht eine beeidigte Aussage, die 33 Jahre später vor einem Friedensrichter in Fort Langley in Britisch-Kolumbien gemacht wurde, sowie positive Äußerungen von anderen Personen, die der Sache nachgingen, so könnte man die Geschichte als Traum, als Phantasiegespinst oder gar als gewinnträchtigen Reklametrick abtun. Aber das Ganze spielte sich lange vor dem allgemeinen Publicityrummel ab, und außerdem gibt es noch andere Berichte über Personen, die von Wildmenschen gefangen wurden.

Verschiedene Aspekte von Ostmans Story klingen indes unglaubwürdig, so unter anderem gewisse Details in seiner Beschreibung, die sich nicht mit dem inzwischen angesammelten Belegmaterial in Einklang bringen lassen. Er erwähnte zum Beispiel, daß die Geschöpfe Wurzeln, Knollen und Baumschößlinge verzehrten, dabei aber für die Nahrungsbeschaffung nicht viel Zeit und Energie aufgewandt hätten. Dies ist unwahrscheinlich, denn große, vegetarisch lebende Primaten widmen fast ihr ganzes Wachdasein dem Sammeln von Nahrung. Da der Nährwert von Früchten, Beeren und Trieben in den kanadischen Nadelwäldern sehr gering ist, kommt der bloßen Nahrungsmenge eine um so größere Bedeutung zu. Deshalb ist die Geschichte etwas suspekt. Die meisten Befunde deuten darauf hin, daß der Sasquatch ein Allesfresser ist, also ein anpassungsfähiges Lebewesen, das alles Genießbare, das es in seiner Umwelt findet, verspeist.

Eine typische Sichtung neuesten Datums fand am 6. Juni 1978 um 8 Uhr morgens statt, als zwei Männer, Kendall und Hathaway, beide über fünfzig und Vermessungsingenieure mit langjähriger Erfahrung im Freiland, soeben ihren Lastwagen verlassen hatten und schweigend einen rund 1200 m hohen Bergkamm im nördlichen Kaskadengebirge im US-Bundesstaat Washington entlangschritten. Der Morgen war schön, die Luft frisch und kalt, und keiner der beiden Wanderer dachte auch nur im entferntesten an den Bigfoot, von dem sie in all den Jahren ihrer Tätigkeit noch nicht einmal einen Fußabdruck gesehen hatten. Plötzlich erblickten die beiden Männer eine große, dunkle Gestalt, die sich rasch aus dem Gesträuch einer alten Rodungsfläche entfernte, die direkt vor ihnen lag.

Zunächst dachten sie, es handle sich um einen Mann, doch dann fiel ihnen ein, daß in dieser Gegend kein Holz mehr geschlagen wurde und daß sie sich in einem privaten, geschützten Revier befanden. Sie sahen noch einmal hin und erkannten, daß die Gestalt sehr groß und menschenähnlich war. Sie ging aufrecht und eilte zielstrebig auf ein Deckung bietendes dichtes Waldstück zu. Das Geschöpf war dunkelbraun und vollständig mit Haaren bedeckt. Die Männer konnten den Kopf, die Arme und die massigen Schultern nur ein paar Sekunden lang betrachten, dann war die Gestalt verschwunden. Sie blickten einander in sprachloser Verwunderung an und gingen dann auf die Stelle zu,

17 Der amerikanische Bigfoot-Forscher John Green mit seiner Sammlung von Abgüssen übergroßer Fußabdrücke.

wo der Fremdling untergetaucht war, um nach Fußspuren Ausschau zu halten. Aber der Boden war so hart und steinig, daß sie nichts entdecken konnten. Beide Männer sind heute überzeugt, daß sie einen Sasquatch gesehen haben, obwohl sie es vorher für unmöglich gehalten hatten, daß ein solches Geschöpf in einem Gebiet unbemerkt überlebt haben könnte, das sie so gut kannten.[3]
Kendall und Hathaway sind nicht die einzigen Skeptiker, die sich durch Augenschein überzeugen ließen. 1958 stieß Jerry Crew, ein robuster Bulldozerfahrer, der vor allem Waldschneisen planiert, im schlammigen Boden auf menschenähnliche Fußspuren, die 40 cm lang und 18 cm breit waren und sich in einer Gegend befanden, die selbst den raffiniertesten Schwindler mit einer »Fußabdruckmaschine« abgeschreckt hätte. Mr. Crew und seine Leute hatten diese und ähnliche Spuren schon seit mehreren Wochen beobachtet, doch diesmal fühlte er sich bemüßigt, sie mit Gips auszugießen.
Das Bekanntwerden seiner Funde und die Tatsache, daß die Spuren von Leuten entdeckt worden waren, die nicht nach ihnen gesucht hatten, lösten eine wahre Flut von Berichten über frühere Sichtungen und Spurenfunde aus, von denen einige glaubwürdig zu sein schienen. Die Crew-Abgüsse waren deshalb besonders interessant, weil sie aus der Nähe des Bluff-Creek-Tales stammten, das zusammen mit den Onion- und Blue-Creek-Bergen eine rund 100 km^2 große und dicht mit Nadelwald bestandene Region bildet, die als Sasquatch-Refugium gilt. Da ähnliche Landschaften an der nordwestlichen Pazifikküste noch weitgehend unerforscht sind, ist es nicht auszuschließen, daß der Sasquatch dort überlebt hat.
Am Abend des 21. Oktober 1972 nahm Alan Berry, ein Journalist aus Sacramento in Kalifornien, die Stimme eines Großfußmenschen auf, und zwar in einer Höhe von 2600 m in den High Sierras Nordkaliforniens, etwa 800 m oberhalb der nächsten Straße und ungefähr 14 km vom nächsten Weg entfernt. Mitglieder seines Teams hatten schon vorher wiederholt Tonaufnahmen in dieser Gegend gemacht, aber diesmal gelang ihm eine von ungewöhnlich guter Qualität. Sie weist eine Vielzahl von Lauten auf, die zum Teil recht menschenähnlich klingen, und sogar einige Pfeiftöne.
Die Auswertung des Tonbandes ergab, daß die Tonhöhen und Tonlängen auf einen Stimmapparat hindeuteten, der viel größer sein mußte als der eines Menschen. Das Band war vorher noch nicht bespielt und auch sonst in keiner Weise manipuliert worden, so daß die Möglichkeit eines Betrugs ausschied. Ein Vergleich mit den Daten des Durchschnittsmenschen (Größe fast 1,80 m, Stimmapparat 18 cm und mittlere Tonhöhe 115 Hz) ließ darauf schließen, daß das Lebewesen auf dem Tonband bis zu 2,50 m groß sein mußte. Doch ergaben sich leicht abweichende Resultate, je nachdem welche Laute analysiert wurden (der »grr«-Knurrlaut erbrachte zum Beispiel eine Körpergröße zwischen 2,10 und 2,45 m). Die wissenschaftliche Lautanalyse schließt eine Fälschung aus. So muß man davon ausgehen, daß das Tonband echt ist und daß

18 René Dahinden und Roger Patterson mit Abgüssen von Sasquatch-Fußspuren, die am Bluff Creek im Nordwesten Nordamerikas entdeckt wurden.

darüber hinaus offensichtlich mehr als nur ein Bigfoot auf ihm zu hören sind.[4] Zu den indirekten Belegen für die Existenz des Sasquatch gehören Exkremente und Haare, doch auch hier sind gewisse Zweifel angebracht. Bei einer Untersuchung von fünf Kot- und drei Haarproben stellte sich heraus, daß je zwei eindeutig bekannten Tierarten zugeschrieben werden konnten, die übrigen jedoch nicht.[5] Die Kotbestimmung wird aufgrund der Form und Inhaltsstoffe durchgeführt und umfaßt die Wiederbefeuchtung der Masse und die Identifizierung der einzelnen Bestandteile. Untersuchungen von menschlichen wie tierischen Exkrementen werden häufig angestellt, vor allem im Bereich der Archäologie, wo sie dazu beitragen, Ernährungsweisen und Krankheitsbilder in der Vergangenheit aufzuhellen.[6] Was den Sasquatch angeht, so besitzen wir nur spärliche Informationen über seine Nahrung, doch es herrscht die Meinung vor, daß er ein Allesfresser ist.

Es gibt in der Tat nicht mehr als dreizehn verläßliche Berichte über die Eßgewohnheiten der Großfußmenschen, von denen neun auf pflanzliche Kost und nur vier auf den Verzehr von Fleisch schließen lassen. Man kann demnach davon ausgehen, daß der Sasquatch Pflanzennahrung bevorzugt, aber in kleineren Mengen auch fast alles andere Eßbare zu sich nimmt, was er vorfindet:

Baumwurzeln, Gras, Beeren und Hirschfleisch stehen ganz oben auf seinem Speisezettel. Eine Liste von Speisen, die anscheinend gelegentlich das Menü ergänzen, umfaßt Bären, Schafe, Hühner, Kühe, Pferde, Nagetiere und andere Kleinsäuger, ferner Raupen, Muscheln, Fische (einschließlich Lachs) sowie Eier mit Schinken, Milch und Krapfen!
Verschiedentlich hat man versucht, Haarproben zu bestimmen, die angeblich von einem Sasquatch stammten. Einige Proben lassen sich bekannten Tieren zuweisen, aber es gibt auch andere, die zu keiner bekannten Tierart gehören und zugleich menschliche und nichtmenschliche Merkmale besitzen. Bis heute ist jedoch noch kein einziges Haar entdeckt worden, das *eindeutig* einem Sasquatch zugeordnet werden könnte. Manche Exemplare, bei denen man diese Herkunft vermutet, geben uns noch immer ein großes Rätsel auf.
Der umstrittenste und gleichzeitig möglicherweise überzeugendste Beweis für die Existenz des Sasquatch ist bislang der Film, den Roger Patterson am 20. Oktober 1967 drehte, als er zu Pferde das hochgelegene Bluff-Creek-Tal im nördlichen Kalifornien durchstreifte, ein Gebiet, wie gesagt, in dem man schon viele Fußspuren entdeckt hatte. Patterson selbst hatte sich jahrelang mit der Sasquatch-Legende beschäftigt und sogar ein hervorragend lesbares Taschenbuch mit dem Titel *Do Abominable Snowmen of America really exist?* veröffentlicht. Allein aus diesem Grunde taten die Kritiker seinen Film als Fälschung ab oder zumindest als raffinierten Schwindel, mit dem er aus dem Thema noch mehr Kapital zu schlagen hoffte.
Patterson und sein Begleiter Bob Gimlin durchquerten ein unebenes Gelände am Fuße eines steilen Felsens. Als sie die scharfe Biegung eines Flußlaufs passierten, scheuten die Pferde und warfen ihre Reiter ab. Die Ursache der Aufregung war ein großes Tier, das die beiden jenseits des Baches in einer Entfernung von etwa 30 m erblickten und das den bis dahin bekannten Beschreibungen des Sasquatch weitgehend entsprach. Patterson griff nach seiner Filmkamera, die glücklicherweise bereits geladen war, und begann auf das Geschöpf zuzurennen, während er gleichzeitig filmte. Da er lief, sind die Filmaufnahmen verwackelt und die Bilder ziemlich unscharf. Überdies vergaß er in der Eile, auf die Filmgeschwindigkeit zu achten – zwei Umstände, an denen sich die nachfolgende Kontroverse entzündete.
Das Resultat ist immerhin eine zusammenhängende, mehr als 6 m lange Farbfilmsequenz, die offenbar eine Sasquatch-Frau mit einer Größe von 2,10 m und einem geschätzten Gewicht von 160 kg zeigt. Ihre herabhängenden Brüste sind deutlich zu erkennen, und sie ist mit Ausnahme der Augenpartie mit kurzen, glänzenden schwarzen Haaren bedeckt. Auf dem Hinterkopf sitzt eine Art Wulst (ein Knochenkamm, den man bei anderen Großfußmenschen beobachtet hat und der übrigens auch bei großen Gorillaweibchen vorkommt), der Hals ist sehr kurz, und die Rücken- und Schultermuskeln sind stark ausgeprägt. Das Lebewesen ging aufrecht und schwenkte die Arme wie

ein Mensch. Patterson, der so schnell wie möglich hinter dem Geschöpf herrannte und zugleich seine Kamera scharf einzustellen versuchte, war überrascht, als es ihm das Gesicht zuwandte und sich durch seine Anwesenheit offensichtlich keineswegs bedroht fühlte. Natürlich war es sehr viel größer als er. Er bekam jedoch dadurch die Möglichkeit, ein Brustbild von ihm aufzunehmen, bevor es im Wald verschwand.
Gimlin hatte sich unterdessen bemüht, die Pferde zu beruhigen, die entweder durch den Anblick des fremden Geschöpfes oder durch dessen unangenehmen Geruch in Panik geraten waren – der Gestank, der beiden Männern gleichermaßen auffiel, taucht auch in anderen Berichten über den Sasquatch (und den Yeti) auf. Die Männer folgten den Spuren des Geschöpfs, das sich mit einer Schrittlänge von ungefähr einem Meter fortbewegt hatte, bis ihnen ein Nebenarm des Flusses den Weg versperrte. Sie begaben sich daraufhin eiligst in die nächste Stadt, um den Film entwickeln zu lassen und wissenschaftliche Hilfe herbeizuholen.[8]
Der anerkannte Sasquatch-Experte René Dahinden traf am Tag nach der Filmaufnahme am Bluff Creek ein, aber es hatte in der Nacht so stark geregnet, daß der Fluß rasch angestiegen war. Es gelang den Männern dennoch, einen Spurenabguß herzustellen, dann wurden sie durch die drohende Überschwemmung aus der Gegend vertrieben. Da zusätzliches Belegmaterial nicht beigebracht werden konnte, war der einzige Beweis der Film, der großes Aufsehen erregte, als sich die Kunde von seiner Existenz verbreitete. Er ist seitdem viele Male vorgeführt worden, in den USA, in Rußland, in Europa, im Fernsehen, auf Tagungen und vor interessierten Wissenschaftlern. Dennoch besteht über ihn noch keine völlige Einigkeit. Alles hängt von der Beantwortung einer einzigen Frage ab: Ist es möglich, daß die Gestalt ein Schwindler war, ein Schauspieler in einem Fellkleid, und konnte die Täuschung so perfekt gelingen, daß selbst die Fachwelt hinters Licht geführt wurde?
Zur Lösung dieses Problems ist eine genaue Untersuchung der Bewegungen und Merkmale des Lebewesens vonnöten, doch sie wird erschwert durch die Tatsache, daß die Laufgeschwindigkeit des Films nicht bekannt ist. Pattersons Kamera ließ sich auf 16 bzw. 24 Bilder pro Sekunde einstellen, und er kann sich nicht mehr erinnern, welche Geschwindigkeit er damals benutzte. Dennoch ist gerade diese Frage von entscheidender Bedeutung. Denn wenn der Film mit 24 Bildern pro Sekunde belichtet wurde, läßt sich der Gang des gefilmten Geschöpfes nicht von dem eines Menschen unterscheiden; aber bei 16 Bildern ergeben sich Besonderheiten, die eindeutig nicht menschlich sind.

19, 20 Zwei Bilder aus dem Film, den Roger Patterson 1967 am Bluff Creek in Kalifornien drehte. Sie zeigen offensichtlich eine Sasquatch-Frau (»Patti« genannt), die in den Wald flüchtet. Man beachte die kräftigen Schultern, den fehlenden Hals und die stark ausgeprägten Überaugenwülste.

Gimlin hat den Film den Technikern für Spezialeffekte gezeigt, die beim King-Kong-Film mitgewirkt hatten, und sie gefragt, ob sie die Gestalt rekonstruieren könnten. Die aufschlußreiche Antwort lautete: »Wir könnten es versuchen, aber dazu müßten wir ein vollkommen neuartiges künstliches Muskelsystem austüfteln und einen Schauspieler finden, dem man beibringen könnte, in der gleichen Weise zu gehen. Es ließe sich vielleicht machen, doch wir müssen gestehen, daß es nahezu unmöglich ist.« Das stimmt mit der Mehrheitsmeinung überein, die besagt, daß der Film eine Fälschung sein könnte, und zwar eine unglaublich geschickte.

Don Grieve, der am Londoner Royal Free Hospital Biomechanik lehrt, vertritt die Ansicht, daß das Objekt bei der höheren Filmgeschwindigkeit ein Schauspieler gewesen sein könnte, doch zugleich stellt er fest, daß sich die Muskelpakete genau an der Stelle befänden, wo sie beim Sasquatch vermutet werden, und das sei äußerst schwer zu fälschen. Die enorme Schulterbreite, die für den Sasquatch so charakteristisch ist, sei nur unter großen Schwierigkeiten nachzuahmen, denn die zur Erzielung dieses Effekts erforderlichen künstlichen Polster würden einen unnatürlichen Körperumriß und sehr steife Armbewegungen des Trägers zur Folge haben. Hinsichtlich der Größe des abgebildeten Lebewesens bestehen ebenfalls leichte Meinungsverschiedenheiten – manche schätzen es auf etwa 2,10 m, andere nur auf knapp 2 m. Eine Methode zur Entlarvung einer möglichen Fälschung ist die Untersuchung des Verhältnisses von Körpergröße und Länge des Fußes, dessen Abguß in diesem Falle 36,5 cm mißt. Das ergäbe eine sehr gute Korrelation zu der geschätzten Größe von 2 m, der für diese Größe errechneten Schrittlänge von 1,05 m und der von Patterson tatsächlich gemessenen Schrittlänge von 1,08 m. Man hätte es also mit einem ziemlich kleinen Sasquatch zu tun, dessen Maße auch von einem sehr großen Mann durchaus erreicht werden könnten. Das Fell *könnte* durch ein Pelzgewand über einer »Muskulatur« aus Polystyrolschaum vorgetäuscht worden sein, aber das wäre mit Sicherheit entdeckt worden. Abschließend läßt sich nur noch einmal sagen, daß die Fälschung, falls es eine ist, hervorragend gelungen ist. Wenn nicht, dann ist dies der erste Film, der jemals von einer noch unbekannten Menschaffenart gedreht wurde.

Der Forschungsbericht, den John Green in *Manlike Monsters on Trial* (1980) veröffentlicht hat, ist wohl die beste Zusammenfassung unseres derzeitigen Wissens in Sachen Sasquatch. Green kommt zu dem Ergebnis, daß die landläufige Vorstellung, der Bigfoot sei ein seltener Hominide, falsch ist. Es handelt sich seiner Meinung nach vielmehr um einen harmlosen großen zweifüßigen Affen mit einem gesicherten Bestand und weitgestreuter Verbreitung. Neben den rund 1 000 Berichten, die Green ausgewertet hat, existieren noch viele weitere, in denen zumeist Fußabdrücke beschrieben werden, die in Größe und Form auffallend übereinstimmen. Aus Greens Untersuchung ergibt sich folgender Sasquatch-Steckbrief:

Körpergröße: In 74 Prozent der Berichte größer als ein Mensch, mit einer geschätzten Durchschnittsgröße von etwa 2,30 m, außer in Oregon, wo der mittlere Wert über 2,40 m liegt. Alle Sasquatche sind durchweg größer als Menschen desselben Alters und Geschlechts. Auch ihr Körperbau ist völlig anders; sie sind »schwer« oder »sehr schwer« und viel breiter gebaut als ein Durchschnittsmensch.

Verhalten: Die meisten Beobachtungen betreffen solitäre (einzeln lebende) Geschöpfe. Berichte, in denen Weibchen und Junge ausdrücklich erwähnt werden, sind sehr selten. Nur in fünf Prozent der Fälle ist von mehr als einem Individuum die Rede, und nur in einem Prozent von mehr als zweien. Der Sasquatch ist vorwiegend nachtaktiv, was deshalb aufschlußreich ist, weil nachts weniger menschliche Beobachter unterwegs sind als tagsüber und weil beim Menschen das Dunkelsehen nicht sehr gut entwickelt ist. Die Hälfte aller Sichtungen wurde in der Nacht gemacht, und eine Schätzung verlegt fast 90 Prozent der Spurenfunde gleichfalls in die Nacht.

Äußere Erscheinung: Breite Schultern, kurzer Hals, flaches Gesicht, eine große abgeplattete Nase, abfallende Stirn und ebensolche Brauen ergeben zusammen mit dem massigen Körperbau einen »primitiven« Gesamteindruck. Der Sasquatch ist eher gleichmäßig bepelzt als behaart, und knapp acht Prozent der Beobachter meinen, das Haar sei auf dem Kopf länger als auf dem Körper (wie beim Menschen) und nicht überall gleich lang (wie beim Gorilla).

Der Sasquatch scheint ein Allesfresser zu sein, und die auffälligen jahreszeitlichen Schwankungen in der Zahl der Beobachtungen legen den Verdacht nahe, daß er einen Winterschlaf hält. Abgesehen von Florida, entfallen nur halb so viele Sichtungen auf den Winter im Vergleich zum Sommer oder Herbst, und Spuren im Schnee sind ebenso selten wie Sichtungen im Frühjahr. Es besteht ein deutlicher Zusammenhang zwischen diesen Primaten und dem Wasser, genauso wie bei den yetiähnlichen Lebewesen in Sibirien. In sechs Berichten ist von Fährten die Rede, die in Seen oder Flüssen endeten, in fünf von schwimmenden und in zwölf von im Wasser stehenden oder umhergehenden Sasquatchen. Zu einem großen Teil fanden sich die Spuren neben einem Gewässer.
Es zeichnen sich noch andere interessante Verhaltensformen ab, die jedoch unterschiedlich zuverlässig belegt sind. In einigen wenigen Berichten heißt es, ein Sasquatch habe mit Gegenständen nach Menschen geworfen (ohne zu treffen), sie gejagt (ohne sie zu fangen), in Fenster von Häusern oder Autos hineingeschaut oder, ganz selten, nach Menschen gegriffen (sieben Berichte). Die Details der Gesichtsform und der Gesichtszüge variieren geringfügig, desgleichen die Beschreibungen von Gangart und Bewegungen. Lautäußerun-

gen werden nur sehr selten registriert, ausgenommen eine Art Kreischen. Kein Bericht spricht von Werkzeugherstellung oder Feuergebrauch, und die Hände werden den Beobachtungen nach zum Transport der Nahrung nur selten benutzt. Alles in allem ergibt sich das Bild eines großen, friedfertigen Affen.

In vieler Hinsicht hat sich der Sasquatch möglicherweise von seinen Affenvorfahren fortentwickelt, und sein Verhalten unterscheidet sich zweifellos erheblich von dem seines wahrscheinlich nächsten rezenten Verwandten, des Berggorillas. Er kann schwimmen, in der Dunkelheit sehen, in sehr verschiedenartigen Klimazonen überleben, und er kommt wahrscheinlich ohne ausgeprägte Sozialstruktur aus, anders als Gorilla, Schimpanse oder Pavian. Seine einzige Ähnlichkeit mit dem Menschen besteht in seinem Bipedalismus (aufrechter Gang), doch in allen anderen Punkten weicht er von ihm ab.

Wie der Mensch verkörpert er keine gefährdete Art, denn sein viele Hunderttausend Quadratkilometer großer Lebensraum in den unzugänglichen Bergen an der nordwestlichen Pazifikküste beherbergt offenbar einen ansehnlichen Bestand. Eine endgültige Schätzung der Population ist unmöglich, aber Green meint, man könne den Grislybären zum Vergleich heranziehen. Grislys benötigen große Territorien und bewohnen ein viel kleineres Gebiet als der Sasquatch; gleichwohl wird ihre Zahl stets auf ein Vielfaches von Zehntausend geschätzt. Die Sasquatch-Population muß sich mindestens auf einige Tausend, vielleicht sogar auf viele Tausende von Individuen belaufen. Da alle Versuche, ein Exemplar zu jagen, gescheitert sind, liegt es auf der Hand, daß der Sasquatch einen stark ausgeprägten Selbsterhaltungstrieb besitzt und daß er es möglicherweise geschickt versteht, seine Fährten zu verbergen oder Hunden auszuweichen.

Die Berichte über Sasquatch-Sichtungen und -Spuren weisen eine große innere Schlüssigkeit auf. Eingehende Untersuchungen der Fußspuren sind inzwischen von angesehenen Anatomen durchgeführt worden, die durchweg mit Napiers Aussage von 1972 übereinstimmen:

»Man könnte die Frage stellen: Wer sonst als Gott oder die natürliche Auslese ist hinlänglich vertraut mit den Feinheiten des menschlichen Fußes und der menschlichen Gangart, so daß er einen künstlichen Fuß entwerfen könnte, der hinsichtlich seiner Struktur und Funktion so vollkommen harmonisch wäre?«

Die sicherlich eindrucksvollste Fährte fand sich in Bossburg nahe der kanadischen Grenze im Bundesstaat Washington. Dort entdeckte man eine Serie von 1 089 Fußabdrücken eines verkrüppelten Sasquatch, der rechts einen Klumpfuß *(Talipes-equino-varus)* hatte. Dieser war höchstwahrscheinlich Folge einer schweren Verletzung in der Kindheit und schwerlich durch Fälschung zu ko-

21 Der Bigfoot-Jäger René Dahinden mit einem »Freund«, der 2.40 m hohen Statue eines Sasquatch, die von Jim McClarin geschaffen wurde und am Willow Creek in Kalifornien steht.

pieren. Die Durchschnittslänge der normalen Fußabdrücke verändert sich allmählich von Süden nach Norden, von etwa 37 cm in Kalifornien bis etwa 46 cm in Kanada; dem entspricht eine allmähliche Zunahme der mittleren Körpergröße (2,20 m in Kalifornien und 2,60 m im westlichen Kanada). Statistische Überprüfungen haben ergeben, daß diese Abweichungen echt und nicht das Ergebnis einer manipulierten Auswahl sind. Aber dies beweist selbstverständlich nur, daß die Größenzunahme eine Realität ist und offensichtlich von Süden nach Norden verläuft – es bedeutet also keineswegs, daß es sich tatsächlich um den Sasquatch handelt, obgleich diese Schlußfolgerung durchaus legitim ist.[11]

Die Süd-Nord-Zunahme der Körpergröße ist insofern besonders interessant, als sie mit einem anerkannten biologischen Prinzip in Einklang steht, nämlich der Bergmannschen Regel, die besagt, daß Populationen einer Art, die näher den Polen leben, im allgemeinen größer sind als die in Äquatornähe. Ein größerer Körper hat im Vergleich zum Volumen eine kleinere Oberfläche als ein kleinerer Körper und kann deswegen bei niedrigeren Temperaturen besser die Wärme halten.[12] Andere Tierarten, die im Sasquatch-Verbreitungsraum heimisch sind, folgen ebenfalls dieser Regel – genauso wie der Mensch.[13]

Beim Sasquatch scheint auch eine von Süden nach Norden veränderliche Fellfärbung aufzutreten: In Kalifornien und Oregon sind fast 14 Prozent der Exemplare beige oder weiß, die überwiegende Mehrzahl ist braun oder schwarz; im Staate Washington und in Westkanada tragen dagegen 26 Prozent ein helles Haarkleid. Diese Variabilität der Körpergröße, der Fußlänge und der Fellfarbe entspricht allgemeinen biogeographischen Gesetzmäßigkeiten und untermauert die statistischen Erhebungen, die ein Verbreitungsgebiet von fast 2 000 km und Beobachtungen aus einem Zeitraum von fast 100 Jahren umfassen.

Angesichts der Fülle des inzwischen vorliegenden Belegmaterials bahnt sich in der wissenschaftlichen Welt allmählich ein Gesinnungswandel an. Bigfoot-Studien werden durch Stipendien unterstützt, Forschungszentren entstehen, und die Forschungsergebnisse erscheinen in angesehenen wissenschaftlichen Zeitschriften. Gelehrte Gesellschaften fördern die Untersuchungen, und an den Universitäten finden einschlägige Kongresse statt.

Im *Bigfoot Information Center* am Hood River in Oregon ist ein kleiner Mitarbeiterstab ständig damit beschäftigt, brauchbare Befunde aus dem unablässig fließenden Informationsstrom auszusondern, zu analysieren und zusammenzufassen. Ungefähr 98 Prozent des von der Öffentlichkeit gelieferten Materials wird als wertlos ausgeschieden, der Rest in drei Kategorien eingeteilt: Geschichte, Fußspuren und Sichtungen. Seit der Gründung des Zentrums haben die Mitarbeiter 300 Personen befragt, die Sichtungen gemeldet hatten; allerdings stellten sich nur 96 Berichte als echt heraus. Der beste und glaubwürdigste stammt zweifellos von Kendall und Hathaway, und er gab die Anregung zu dem sorgfältig recherchierten, soliden Dokumentarfilm *Manbeast*, der für das amerikanische Fernsehen gedreht wurde. Das Zentrum bringt überdies die *Bigfoot News* in einer Auflage von 10000 Exemplaren heraus. Diese Zeitschrift befaßt sich nicht nur mit heimischen Hominiden, sondern auch mit Berichten aus anderen Ländern. Durch ihr Engagement und durch die Einbeziehung von Auslandskorrespondenten (die sich vor allem der russischen Gewährsleute annehmen, besonders der unermüdlichen Herren Bajanow und Burtsew vom Moskauer Darwin-Museum) ist sie zweifellos zur aktuellsten Informationsquelle für alle Bigfoot-Enthusiasten und -Interessenten geworden.

Der Sasquatch wird heute ernstgenommen, und es gilt als engstirnig, nicht an seine Existenz zu glauben. Schon 1969 wurde in Skamania County, Oregon, dem Sasquatch-Kerngebiet, folgende Verordnung erlassen:

VERORDNUNG NR. 69–01.

Hiermit wird durch das Board of County Commissioners von Skamania County angeordnet:

WEIL es Anzeichen dafür gibt, daß in Skamania County möglicherweise ein nächtlich lebender Primat existiert, der entweder als ein affenartiges Tier oder als eine Unterart des *Homo sapiens* beschrieben wird, und

WEIL sowohl die Überlieferung als auch angebliche neuere Sichtungen und Spurenfunde diese Möglichkeit bekräftigen, und

WEIL dieses Geschöpf allgemein und landläufig als ein »Sasquatch«, »Yeti«, »Bigfoot« oder »Behaarter Riesenaffe« bekannt ist, und

WEIL das öffentliche Aufsehen, das mit solchen realen oder eingebildeten Sichtungen einhergeht, einen Zustrom von wissenschaftlichen Forschern und Gelegenheitsjägern, die vielfach mit tödlichen Waffen ausgerüstet sind, herbeigeführt hat, und

WEIL das Fehlen von spezifischen Gesetzen, welche die Aneignung von Exemplaren betreffen, die Laxheit beim Gebrauch von Feuerwaffen und anderen tödlichen Geräten fördert und eine eindeutige und stets gegenwärtige Gefahr für die Sicherheit und das Wohlbefinden von Personen darstellt, die innerhalb der Grenzen von Skamania County leben oder umherreisen, als auch für die Geschöpfe selbst,

DESHALB WIRD BESCHLOSSEN, daß jede vorsätzliche, willentliche und mutwillige Tötung eines solchen Geschöpfes als Verbrechen geahndet wird, und zwar mit einer Geldbuße, die zehntausend Dollar ($ 10000.00) nicht übersteigen soll, und/oder mit einer Haftstrafe im Bezirksgefängnis für die Dauer von höchstens fünf (5) Jahren.

FERNER WIRD BESCHLOSSEN, daß die bestehende Situation einen Dringlichkeitsfall darstellt und daß deswegen diese Verordnung sofort in Kraft tritt.

ANGENOMMEN an diesem 1. Tag des April 1969.
Board of Commissioners of Skamania County.
Gez.: Conrad Lundy Jr., Vorsitzender.
Bestätigt: Robert K. Leick, Staatsanwalt von Skamania County.

Das Absonderliche dieser Verordnung liegt in der Tatsache, daß man von der Obrigkeit ins Gefängnis geschickt werden kann, wenn man ein Wesen tötet, dessen Existenz von ihr offiziell doch überhaupt nicht zugegeben wird. Von allen mit dem Sasquatch verbundenen Paradoxa ist dies sicherlich eines der originellsten.

Die Fußspuren und zahlreichen Beschreibungen des Sasquatch und des chinesischen Yeti (vgl. Kapitel 4) haben vieles gemeinsam. Falls beide existieren, könnten sie nah miteinander verwandt sein aufgrund ihrer Abstammung von dem angeblich ausgestorbenen Menschenaffen *Gigantopithecus,* der offensichtlich im richtigen Verbreitungsgebiet und zur richtigen Zeit gelebt hat, um als gemeinsamer Ahne zu fungieren. Die Entfernung zwischen Amerika und Asien ist nicht groß; die Kontinente trennt lediglich die rund 80 km breite Beringstraße, die auf beiden Seiten von geologisch sehr ähnlichen Landmassen gesäumt wird, welche in der Vergangenheit, als der Meeresspiegel noch tiefer lag, mehrfach durch eine Landbrücke miteinander verbunden waren.

In Nordamerika leben heute keine anderen Primaten mehr, doch das war nicht immer so. Aus Tonnen von Geröll hat man an der Fundstätte Purgatory Hill in Montana einen einzelnen oberen Backenzahn herausgesiebt, der von einem Primaten herrührt. Dieser lebte mit seinen Artgenossen vor mindestens 40 Millionen Jahren in Nordamerika, als die Verbindung mit Eurasien vermutlich im Zuge der allmählichen Kontinentalverschiebung und -entstehung unterbrochen wurde.[14] In Europa und Asien scheinen die Primatenvorfahren nach Süden gewandert zu sein, wo sie sich weiterzuentwickeln begannen. Die einzigen neuweltlichen Affen sind die Breitnasenaffen, die in Mittel- und Südamerika heimisch sind und sich unter einem gesonderten, aber durchaus vergleichbaren Umweltdruck auf analoge Weise entfalteten wie ihre Verwandten in der Alten Welt.

In Nordamerika gab es jedoch keine Primaten, aus denen der Sasquatch hätte hervorgehen können. Somit muß er sich anderswo entwickelt haben und dann

22 Von ungefähr 36 000 bis 20 000 Jahren stießen wahrscheinlich die ersten Menschen von Asien aus nach Nordamerika vor. Damals bedeckten eiszeitliche Gletscher die Bering-Straße und schufen so eine Landbrücke zwischen Sibirien und Alaska. Die Vergletscherung war jedoch nicht so mächtig, daß sie den Weg nach Süden durch Kanada blockiert hätte. Der Sasquatch könnte ebenfalls zu diesem späten Zeitpunkt die Landbrücke passiert haben, aber andere Belege deuten auf eine frühere Ankunft in Nordamerika hin, vor dem Beginn des Eiszeitalters vor 1,8 Millionen Jahren.

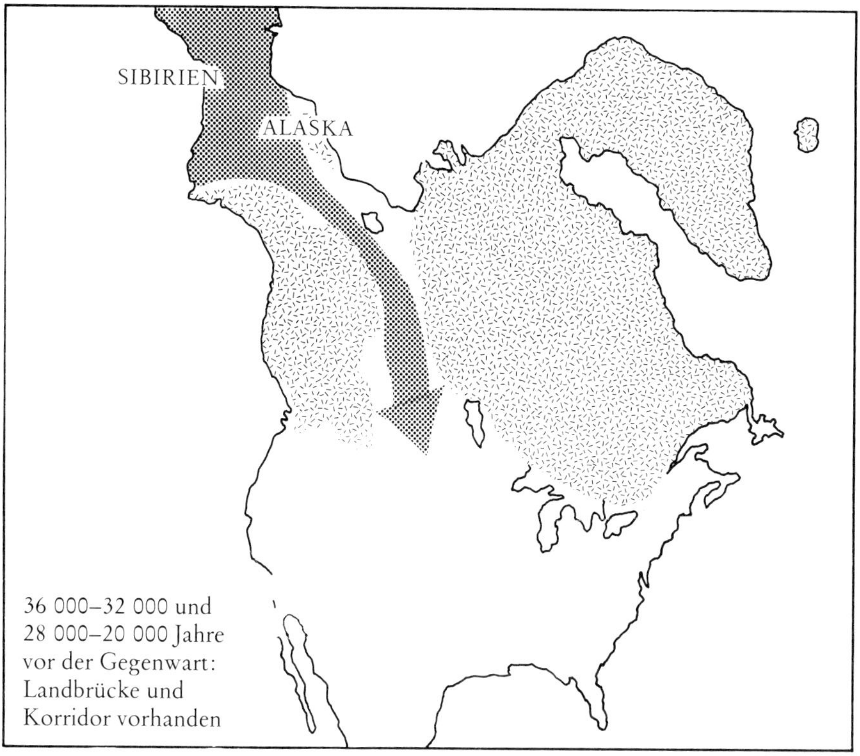

36 000–32 000 und 28 000–20 000 Jahre vor der Gegenwart: Landbrücke und Korridor vorhanden

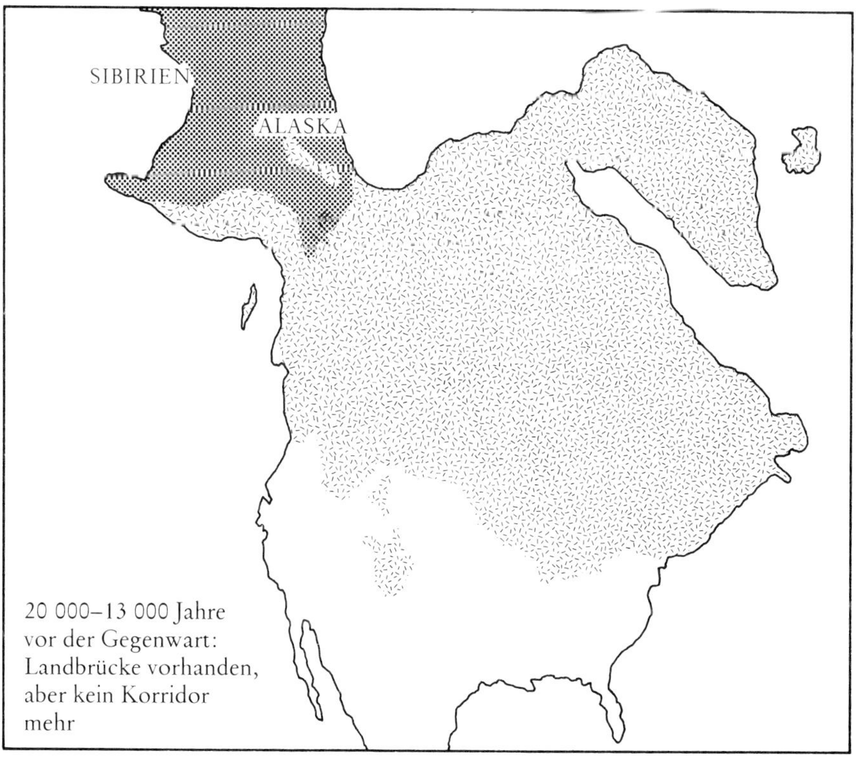

20 000–13 000 Jahre vor der Gegenwart: Landbrücke vorhanden, aber kein Korridor mehr

nach Nordamerika eingewandert sein. Um zu ergründen, wann dies geschehen sein könnte, muß man die geologischen Befunde heranziehen. Wir wissen, daß *Gigantopithecus* in Asien vor mindestens neun Millionen Jahren entstanden ist und noch acht Jahrmillionen später sehr vital war. Wenn also in diesem Zeitraum irgendwann eine Landbrücke zwischen Sibirien und Nordamerika bestanden hat, war es den Tieren durchaus möglich, sie zu überqueren.

Falls der Sasquatch zu den Gigantopithecinen gehört, dann hat er Amerika wahrscheinlich *vor* dem Beginn des Eiszeitalters erreicht, der etwa 1,8 Millionen Jahre vor unserer Zeit anzusetzen ist – also während einer Epoche, in der *Gigantopithecus* in China nachweislich eine Blütezeit erlebte. Während der vielen Meeresspiegelschwankungen der Eiszeit gibt es nur zwei späte Perioden, in denen eine Landbrücke zwischen Sibirien und Alaska bestand, und zwar in der Zeit von vor 36 000 bis 32 000 und von vor 28 000 bis 13 000 Jahren. Die ersten Horden des *Homo sapiens sapiens* scheinen in der ersten Periode und zu Beginn der zweiten diesen Weg gegangen zu sein. Sie benutzten dabei einen bequemen, unvergletscherten Korridor, der ins Herz Nordamerikas führte und sich vor rund 20 000 Jahren, in der Zeit der maximalen Vereisung, wieder schloß. Wenn auch der Sasquatch zu diesem späten Zeitpunkt übersetzte – und wenn man davon ausgeht, daß er den asiatischen Primaten nahesteht –, dann liegt die Vermutung nahe, daß er dem Yeti mehr ähnelt, als es die vorliegenden Befunde ahnen lassen.

In unserer Zeit der internationalen Spannungen ist es eigentlich eine angenehme Vorstellung, chinesische Gigantopithecinen könnten über die Beringstraße nach Nordamerika gewandert sein. Und nichts spricht dagegen, daß sie es getan haben, um sich neue Ressourcen in einem Lebensraum zu erschließen, der ihrem alten ähnlich war. Das heißt freilich nicht, daß die amerikanische und die chinesische Spielart sich nicht seit jener Zeit in ihrem jeweiligen Verbreitungsgebiet weiterentwickelt hätten. Doch die Annahme, daß ihre Ursprünge letztlich wahrscheinlich in derselben Population und Region liegen, ergibt sowohl geographisch als auch zoologisch einen Sinn.

III.
DER URSPRÜNGLICHE YETI

Fast alle Aussagen, die den Yeti betreffen, sind umstritten, selbst sein Name. Spuren, Sichtungen, Skalpe, mumifizierte Hände, Volkslegenden und mündliche Überlieferungen werden allesamt von verschiedenen Völkern unterschiedlich interpretiert, was die Entstehung einer umfangreichen Literatur zur Folge hatte. Ist also der Yeti nur eine Legende, oder können wir stichhaltige Beweise für seine Existenz und seine Natur beibringen?
Vielleicht sollten wir ihn nicht einmal Yeti nennen (ich habe diesen Namen zwar gewählt, weil er einigermaßen unverfänglich ist), denn die Nepalesen unterscheiden zwei Typen des Schneemenschen *(yeh-teh)*, nämlich *dzu-teh* und *meh-teh*. Beim *dzu-teh* handelt es sich allgemein um einen großen behaarten roten Bären, der sich aggressiv benimmt und den Rindern nachstellt. Wenn die Sherpas in Nepal vom *yeh-teh* (*yeti* ist die anglisierte Form) sprechen, meinen sie den kleineren affen- oder menschenähnlichen *meh-teh*, nicht den *dzu-teh*. Der ungewöhnliche Name »Abominable Snowman« (Gräßlicher Schneemensch) scheint 1930 von einem gewissen Henry Newman, einem Journalisten in Kalkutta, erfunden worden zu sein und leitet sich nach H.W.Tilman vom tibetischen *meteh kang-mi* her, was so viel bedeutet wie »schmutziger« oder »abstoßender Mann des Schnees«. Aber diese Herkunft wird vielfach in Frage gestellt, und *meteh* müßte auf jeden Fall korrekter *metoh* geschrieben werden. Weitere gebräuchliche Namen sind *mi-go, sogpa* und *shukpa* (in Sikkim).
Seinen weltweiten Ruhm verdankt der Yeti vor allem den Bergsteigern unseres Jahrhunderts, die seine Existenz allgemein bekannt gemacht haben. Aber Yetis wurden bereits im vorigen Jahrhundert von britischen Militärs und in Indien stationierten Beamten beobachtet. B.H.Hodgson, von 1820 bis 1843 englischer Gesandter am nepalesischen Hof, erwähnte nach allgemeiner Auffassung als erster den Yeti in der westlichen Literatur. Er schrieb, daß einige seiner Träger im Norden Nepals von einem behaarten, schwanzlosen Wildmenschen erschreckt worden seien. 1889 entdeckte Major L.A.Waddell in fast 6000 m Höhe in Sikkim die ersten großen Fußabdrücke im Schnee, und seine Träger erklärten ihm, er habe eine Yeti-Fährte vor sich. Mit gesundem britischem Skeptizismus tat er sie jedoch als Fährte eines Schneebären oder Isabell-Braunbären *(Ursus arctos isabellinus)* ab.
Es folgte eine ganze Reihe von Sichtungen durch Amateure, bis in den dreißiger Jahren die großen Bergexpeditionen begannen und für viele Europäer die Everest-Region in den Mittelpunkt des Interesses rückte. Die Mitglieder der allerersten Everest-Erkundungsexpedition unter Oberstleutnant C.K.Howard-Bury fand 1921 menschenähnliche Fußspuren auf dem Llakpa-La in einer Höhe von 6000 bis 6300 m, und 1925 folgte ein Bericht über eine direkte Sichtung von N.A.Tonbazi, der einen Yeti auf dem Zemu-Gletscher bei 4500 m Höhe gesehen hatte. Diese Ereignisse zogen zahlreiche Leserbriefe von interessierten Personen nach sich. Bei einem Blick auf die Seite 11 der

Times von Donnerstag, dem 3. November 1921, findet man nicht nur Howard-Burys Eilnachricht vom Mount Everest, sondern auch den folgenden Text:

GRÄSSLICHE SCHNEEMENSCHEN
ERLEBNISSE EINES WELTREISENDEN

Sir,
Dr. Douglas Freshfield ist besser als die meisten Leute in der Lage, den unter den Menschen in den Hochtälern von Sikkim verbreiteten Glauben, daß es ›wilde Menschen‹ gebe, zu bestätigen oder zu erklären.
Ich vermag kaum zu glauben, daß die Spuren im Schnee, die einige Mitglieder der Everest-Expedition gesehen haben, in einem Telegramm erwähnt worden wären, wenn nicht Zweifel bestanden hätten, daß es sich um die Spuren eines menschlichen Wesens handelte. Als ich die Wälder an der nepalesischen Grenze von Britisch-Sikkim im März 1914 bereiste, und zwar gemeinsam mit Mr. Gent, der damals Forstbeamter im Bezirk Darjeeling war, erzählte er mir, daß die Kulis, die er zur Rodung des Urwalds in Höhenlagen zwischen 8000 und 9000 Fuß [2400 bis 2700 m] angeheuert hatte, mehr als einmal durch Lebewesen vertrieben worden seien, die sie für wilde Menschen hielten. Ich war nicht imstande, die Männer, die dies berichtet hatten, ins Kreuzverhör zu nehmen, doch ich beauftragte Mr. Gent, der Sache nachzugehen, und er, der ein guter Jäger war, hätte die Fährte eines Bären von der eines Menschen unterscheiden können. Ich hielt es für möglich, daß man die Spuren eines großen Languren, der in Sikkim bis über 9000 bis 10000 Fuß [2700 bis 3000 m] aufsteigt, mit menschlichen Spuren verwechselt hatte.
Doch der Krieg setzte diesem Forschungsunternehmen wie so vielen anderen auch, ein Ende, und wir müssen die Rückkehr der Expedition abwarten, um genauere Informationen über das zu erhalten, was ihre Teilnehmer tatsächlich gesehen haben.
The Athenaeum, 2. Nov. H. J. ELWES

Mr. William Hugh Knight, Mitglied des Royal Societies Club, berichtete gestern einem Vertreter der Times über einen einige Jahre zurückliegenden Vorfall, bei dem er eine Gestalt näher beobachten konnte, die er für einen jener ›gräßlichen Schneemenschen‹ hält, auf welche die Angehörigen der Everest-Expedition angespielt haben. Er sagte:
›Kurz vor dem letzten tibetischen Krieg kehrte ich zusammen mit einem anderen Europäer, einem tibetischen Führer und unserem Troß von ungefähr 40 oder 50 Kulis aus Tibet zurück. Wir stiegen auf dem Pfad ab, der von Gantok

23 Die abgelegenen, über 4000 Meter hohen Hänge des Sherpalandes sollen Lebensraum des Yeti sein. Eine schüttere Strauchvegetation dehnt sich hier zu Füßen der Himalajariesen.

nach Sedonchen führt. Wir wollten Gantok auf dem höhergelegenen Weg erreichen, aber Tenzin Wagdi, unser Führer, meinte, die Kulis hätten Angst vor den Blutegeln, und so mußten wir den unteren Pfad nehmen, der ungefähr dem Flußlauf folgt. Als wir uns Gantok näherten, mußten wir den langen Hang emporsteigen. Mein Begleiter war mit den Kulis vorangegangen. Ich war etwa eine halbe Meile [etwa 800 m] hinter ihnen, ungefähr eine halbe Meile unterhalb von Gantok.

Ich hielt an, damit mein Pferd auf einer freien Lichtung verschnaufen konnte, stieg ab, lockerte den Sattelgurt und beobachtete den Sonnenuntergang. Während ich in das Schauspiel vertieft dastand, vernahm ich ein leises Geräusch. Als ich mich umblickte, sah ich, ungefähr 15 oder 20 Schritt entfernt, eine Gestalt, von der ich heute annehmen muß, daß sie einer jener behaarten Menschen war, von denen die Everest-Expedition spricht und welche die Tibeter laut eigener Aussage die ›gräßlichen Schneemenschen‹ nennen.

Soweit ich mich entsinnen kann, war das Wesen knapp 6 Fuß [1,80 m] groß und trotz der bitteren Novemberkälte völlig nackt. Sein ganzer Körper war hellgelb, ungefähr wie der eines Chinesen. Auf dem Kopf trug es einen verfilzten Haarschopf, und im Gesicht hatte es nur wenig Haare. Außerdem besaß es stark gespreizte Füße und große, gewaltige Hände. Die Muskulatur der Arme, Oberschenkel und Beine sowie des Rückens und der Brust war außergewöhnlich kräftig. Das Geschöpf hielt etwas in der Hand, was mir wie ein primitiver Bogen vorkam. Es sah mich nicht, sondern stand einfach nur da, und ich betrachtete es etwa fünf oder sechs Minuten lang. Soviel ich erkennen konnte, beobachtete es einen Menschen oder ein Tier tief unten am Hang. Nach ungefähr fünf Minuten setzte es sich in Bewegung und rannte den Berg hinab. Dabei beeindruckte mich besonders die enorme Geschwindigkeit, die das Wesen entwickelte.

Soweit ich mich erinnern kann, habe ich die Geschichte am selben Abend in der Gurkha-Kantine erwähnt und auch Claude White erzählt, als ich ihm am folgenden Tag in der Residenz begegnete. Für ihn schien sie jedoch nichts Außergewöhnliches zu sein. Ich selbst habe dieses Erlebnis mehr oder weniger vergessen, bis ich von diesen Spuren im Schnee las, von denen die Mitglieder der Everest-Expedition berichtet haben.‹ «

Bis auf eine Ausnahme stammen die nachfolgenden Beobachtungen entweder von Bergsteigerexpeditionen (die jedoch eher die Fußspuren als deren Urheber zu Gesicht bekommen) oder von Leuten, die sich die Jagd auf den Yeti zum Ziel gesetzt hatten. Die Ausnahme bildet die bisher ausführlichste Beschreibung eines Schneemenschen. Wir verdanken sie Slavomir Rawicz, der mit sechs Freunden aus einem sibirischen Kriegsgefangenenlager floh und sich über den Himalaja nach Indien durchschlug. Die Sichtung erfolgte im Februar 1942, vermutlich irgendwo zwischen Bhutan und Sikkim, läßt sich jedoch nicht genauer lokalisieren. Als die Männer einen Hang hinabstiegen, sahen sie zwei schwarze Punkte, die sich etwa 400 m unter ihnen auf dem Schnee bewegten. Aus größerer Nähe betrachtet, wirkten die Lebewesen »riesenhaft, und sie gingen auf den Hinterbeinen«.

Rawicz berichtet, er und seine Begleiter hätten ihren Augen nicht getraut, aber zugleich gefürchtet, von den Geschöpfen angegriffen zu werden, was sie daran hinderte, näher heranzugehen. Er schätzt ihre Größe auf nicht viel weniger als 2,40 m und bemerkt, daß eines etwas größer gewesen sei als das andere, etwa im gleichen Verhältnis wie Mann und Frau. Die Köpfe werden als »fast quadratisch« beschrieben, und die Ohren mußten dicht am Schädel anliegen, denn die Silhouette, die sich vom Schnee abhob, zeigte keinerlei Vorsprünge. Die Schultern fielen steil zur mächtigen Brust ab. Die Arme waren lang, und die Handgelenke reichten bis zu den Knien hinab. Im Profil bildete der Hinterkopf eine gerade Linie vom Schädeldach bis zu den Schultern, was einen Mann der Gruppe zu der Bemerkung veranlaßte: »Wie ein verdammter Preuße!« Beide Lebewesen waren mit rotbraunen Haaren bedeckt, die ein dichtes Fell bildeten, das mit langen, gerade herabhängenden Haaren durchsetzt war. Die Männer beobachteten die Geschöpfe, die ihrerseits jedoch keinerlei Interesse zeigten, ungefähr eine Stunde lang. Dann versuchten sie, sie mit Geschrei und Schneebällen zu vertreiben, doch als dies nicht gelang und die Geschöpfe keine Angst zeigten, ließen die Männer von ihnen ab und entschlossen sich, einen Umweg zu machen.[1]

Es ist höchst bedauerlich, daß diese detaillierte Schilderung in einem Buch steht, dessen Authentizität, gelinde gesagt, zweifelhaft ist. Mehrere Geographen und Bergsteiger haben auf zahlreiche Unstimmigkeiten in der Beschreibung der Route hingewiesen, die Rawicz und seine Begleiter eingeschlagen haben wollen. Allen voran Eric Shipton, der Entdecker der ersten und besten Fußspuren. Er stellte unter anderem fest, daß die angegebene Route eine verkehrsreiche Durchgangsstraße überquert haben müßte und daß die Zeitangaben nicht korrekt sein könnten: Eine Etappe, für die Rawicz zwei Monate gebraucht haben will, hätte nämlich nur fünf Tage beanspruchen dürfen, wie Shipton aufgrund der von Rawicz angegebenen Marschgeschwindigkeit errechnete.[2]

Seit den dreißiger Jahren wurden immer wieder Fußspuren von Expeditionsteilnehmern gefunden, unter anderem von so bekannten Männern wie John (heute Lord) Hunt, dem Leiter der britischen Everest-Expedition von 1953, von Eric Shipton, H. W. Tilman und Sir Edmund Hillary, der im Mai 1953 zusammen mit Sherpa Tensing den Everest bezwang. Selbst die Zweifler geben zu, daß die berühmten Fußabdrücke, die Shipton 1951 auf dem Menlung-Gletscher entdeckte, nicht einfach hinwegdiskutiert werden können. Im November 1951 kehrte Shipton mit Michael Ward von einer Everest-Erkundungsexpedition zurück. Als sie den Sattel am oberen Ende des Gletschers unweit der Grenze zwischen Nepal und Tibet in einer Höhe von fast 5 400 m erkundeten, stießen sie auf eine Fährte im Tiefschnee, der sie etwa anderthalb Kilometer weit auf dem Gletscherrand folgten. Obwohl der berühmte und oft abgebildete einzelne Fußabdruck nicht von dieser Fährte stammt, sondern schon vorher am selben Tag in derselben Gegend abgenommen wurde, hat er auf geheimnisvolle Weise das ganze Yeti-Problem vom Odium der mangelnden Seriosität befreit, da es sich hier um eine Entdeckung von Leuten handelte, die nicht auf Profit oder Sensationsrummel aus waren.

Lord Hunt selbst ist ein eifriger Vorkämpfer für die Anerkennung der Existenz des Yeti geblieben, denn er hat zweimal dessen seltsamen, hohen Ruf gehört und hat außerdem 1953 und 1978 Fußspuren gesehen. In beiden Fällen fanden sich die Spuren in großer Höhe (4 500 bis 6 000 m) im Schnee, ein gutes Stück über dem Lebensraum der Kragen- und Isabell-Braunbären. Die Fährte, die Lord Hunt 1978 entdeckte, war noch frisch, und er konnte sogar die Zehenabdrücke erkennen, was ihn davon überzeugte, daß die Spuren die tatsächliche Größe und Form der Füße wiedergaben: etwa 33 cm Länge und 16 cm Breite. Zum Vergleich: Ein Mann mit Schuhgröße 44 hinterläßt einen ungefähr 28 cm langen Abdruck. Diese Entdeckung ist besonders bedeutsam, da man häufig einwandte, daß solche Spuren entweder von anderen Tieren (vor allem Bären oder Languren) oder sogar von Menschen herrühren könnten, deren Fußabdrücke sich im schmelzenden Schnee vergrößert hätten. Bereits viele Jahre zuvor hat Lord Hunt in seinem Vorwort zu Charles Stonors Buch *The Sherpa and the Snowman* (1955) folgendes geschrieben:

»Und ich glaube an den Yeti. Ich habe seine Spuren gesehen, seinen schrillen Ruf gehört und den Augenzeugenberichten von vertrauenswürdigen Einheimischen gelauscht. . . . Daß früher oder später Beweise ans Licht kommen, die auch die Skeptiker überzeugen werden, steht für mich außer Zweifel.«

Erst vor kurzem hat er im Anschluß an eine Peking-Reise mit einer Parlamentsdelegation im *Sunday Express* vom 28. Juni 1981 seine Aussage erweitert:

»Ich habe mich mit Experten in Peking unterhalten und festgestellt, daß die Chinesen dabei sind, dieses Geheimnis gründlich zu erforschen. Sie zeigten mir Aufnahmen von Fußabdrücken, die man in China und Rußland gefunden hat und die eine auffallende Ähnlichkeit mit denen aufweisen, die ich selbst im Himalaja gesehen habe. Heute bin ich noch mehr davon überzeugt, daß sehr vieles für die Existenz dieses Lebewesens spricht. Es ist eindeutig kein Bär. Es gleicht eher einem Affen, doch die Chinesen glauben, es könnte eine primitive Menschenform sein.«

Es ist oft behauptet worden, einige der Fußspuren, die man in den hochgelegenen Schneefeldern Tibets gefunden hat, könnten von *sadhus* stammen, umherziehenden frommen Hindus. Unbekleidete Asketen sind zwar in Indien

24 Yeti-Fährte auf dem Menlung-Gletscher im Himalaja, November 1951.

recht häufig, in Tibet jedoch sehr selten anzutreffen. Immerhin leben einige in Höhlen hoch oben in den Bergen. Dank ihrem *tumo*-Training (die Kunst, sich durch geistige Kräfte zu erwärmen) sollen sie imstande sein, den grausamen Winter in Höhen von 3 300 bis 5 400 m zu überstehen. Das *tumo*-Ritual muß in reiner Luft und fern jeder menschlichen Siedlung durchgeführt werden. Es wäre also durchaus möglich, daß diese Einsiedler vereinzelt Spuren hinterlassen haben, die Bergsteigern aufgefallen sind. Dies kann jedoch kaum als hinreichende Erklärung für die zahlreichen Yeti-Fährten gelten, die im Laufe der Jahre gemeldet worden sind.

In den fünfziger Jahren wurde die Yeti-Legende von der breiten Öffentlichkeit begierig aufgegriffen, und »Folklore verkam zu einem Schwindelunternehmen«.[3] Damals stellte die Regierung Nepals, die vom Touristenrummel um das Fabelwesen profitieren wollte, Jagdlizenzen zu 400 Pfund pro Yeti aus. Daß keinem Jäger ein Erfolg beschieden war, spielte dabei überhaupt keine Rolle. Doch selbst in dieser Zeit der starken Kommerzialisierung wurden immer wieder Spuren durch Bergsteiger entdeckt, und 1954 brach die berühmte *Daily-Mail*-Expedition auf mit dem Ziel, einen Yeti zu beobachten und, falls möglich, auch einzufangen.[4] Die Expeditionsteilnehmer führten zu ihrem Schutz Gewehre mit, aber aus moralischen Gründen hatte man sich entschlossen, einen etwaigen Yeti *nicht* zu erschießen, sondern es mit der Aufstellung von Fallen, Bestechung der Einheimischen, Anlockung der Yetis durch glitzernde Gegenstände oder – falls all das nichts half – mit Netzen, Lassos, Schlafmitteln und Jagdhunden zu versuchen. Stonor, der im Grunde ein Romantiker war, beschrieb den Traum, einen Yeti lebend zu fangen und in seiner natürlichen Umwelt zu fotografieren, mit folgenden Worten:

»Was mich betrifft, so stellte ich mir am liebsten einen phantastischen Ausgang der Geschichte vor: Die Tür des Käfigs geht auf, und der Schneemensch wirft einen letzten Blick auf seine Behausung und schlurft dann davon in die Ferne, wie am Ende eines Charlie-Chaplin-Films.«[5]

Doch am Ende hatte man keinen Yeti gefangen, und die »Jäger« mußten sich mit ein paar Fußspuren und vagen Beobachtungen begnügen. Doch immerhin verdanken wir dieser unglücklichen Expedition ein amüsantes Spottgedicht im *Punch:*

> Aufregende Fußspuren birgt der Schnee Katmandus;
> Sie haben fast übermenschliches Format.
> Jetzt sucht man nach dem Eigner des Schuhs
> Und dem Geld, das *Daily Mail* eingebüßt hat!

25 Der berühmt gewordene Fußabdruck (ca. 33 × 45 cm), aufgenommen von Eric Shipton am selben Tag in der Nähe des Menlung-Gletschers. Selbst Skeptikern fällt es schwer, dieses Beweisstück hinwegzudiskutieren.

Auf das *Daily-Mail*-Fiasko folgte 1957 die erste von drei riesigen Expeditionen, die der texanische Ölmillionär Tom Slick finanzierte und die ebenfalls nichts erbrachten als die üblichen Fußabdrücke, Exkremente und Haare, wobei die Herkunft der beiden letztgenannten Funde dubios ist. Daß der Erfolg ausblieb, ist nicht weiter verwunderlich, denn große und üppig ausgerüstete Expeditionen haben wohl die geringste Chance, einen Yeti zu Gesicht zu bekommen. Der Lärm und die vielen Menschen – das Team der *Daily Mail* wurde von 300 Trägern begleitet – sind dazu angetan, die gesamte Fauna der Gegend zu verscheuchen. Dennoch besteht eine kaum zu übersehende Relation zwischen der Anzahl der Menschen, die ein Areal sondieren, und der Anzahl der gemeldeten Yetis. Dies ist auch der Grund für die Zunahme der Sichtungen seit den dreißiger Jahren, als das Bergsteigen in Mode kam.
Eine weitere Expedition, die 1972 das Arun-Tal zwischen dem Everest und dem Kangtschendsönga erforschte, verdient eine besondere Erwähnung. Ihre Teilnehmer meldeten drei Begegnungen mit Yetis, unter anderem der nächtliche Besuch bei einem Zelt durch ein Lebewesen, »das Spuren zurückließ, die keinem bekannten Tier zugeschrieben werden können«. Die Bedeutung dieser Expedition liegt vor allem in ihrer Zielrichtung: Man durchforschte nicht die Schneegebiete der Hochlagen, sondern die dichtbewaldeten Himalaja-Täler,

26 Die hochgelegenen Yakweiden im Khumbu, der Bergregion des Mt. Everest, sind Schauplätze vieler Erzählungen über die Begegnung von Sherpas mit dem Yeti.

die möglicherweise die größten Yeti-Bestände beherbergen. Dieser tropische Bergwald ist dem Lebensraum der Berggorillas nicht unähnlich, und die Fußabdrücke, die man fand, zeigen in der Tat eine auffallende Übereinstimmung mit denen eines Gorillas. Außerdem besteht eine gewisse Ähnlichkeit mit den Shipton-Spuren, obwohl sie viel kleiner sind (etwa 22 cm gegenüber etwa 32 cm).

Einen merkwürdigen, aber in vieler Hinsicht typischen Vorfall hat Peter Matthiessen aus Nordwestnepal an der tibetischen Grenze berichtet. Er war aus zweierlei Gründen dorthin gereist: Zum einen begleitete er seinen Freund, den Zoologen George Schaller, der die Lebensgewohnheiten der im Himalaja heimischen Blauschafe und Schneeleoparden erforschen wollte, und zum anderen wollte er eine private mystische Pilgerreise in die Region Dolpo machen, deren Religion und Kultur noch kaum erforscht waren. Hier nun Matthiessens Bericht, der auch in seinem ungewöhnlichen Buch *The Snow Leopard* (1979) enthalten ist:

»Unweit einer Gabelung, wo ein Bachzufluß von dem Dorf B'on bei Pung-mo hinunterströmt, hat eine Lawine eine Schneise in den dichten Wald jenseits des Sturzbachs geschlagen, und auf diesem strauchbestandenen Hang springt eine dunkle Gestalt hinter einen Felsblock. Der Hang liegt in der hellen Morgensonne, aber ich kann das Geschöpf nur einen Augenblick lang sehen. Es ist viel zu groß für einen Katzenbären, zu scheu für ein Moschustier, zu dunkel für einen Wolf oder Leoparden und viel flinker als ein Bär. Durch das Fernglas starre ich eine Zeitlang den Felsblock an und spüre, daß sich hinter ihm ein unbekanntes Lebewesen verbirgt, aber alles bleibt still; da sind nur die Morgensonne und der Berghang, das rauschende Wasser.«

Kein Tier, das er kannte, bewegt sich so wie dieses Geschöpf, und dennoch zögerte er zu glauben, er habe das Glück gehabt, einen Schneemenschen zu beobachten. Bei dem betreffenden Gebiet handelt es sich um eine bewaldete Schlucht, die sich in ähnlicher Höhenlage befindet wie die Nebelwälder im östlichen Nepal, also etwa das Arun-Tal, wo schon so viele Schneemenschen gesichtet wurden. Auch in dieser entlegenen Region, die nicht von Bergsteigern oder Touristen aufgesucht wird, galt das beobachtete Geschöpf als recht selten.

Eine noch aufregendere Beobachtung machten die beiden Alpinisten Don Whillans und Dougal Haston in Nepal. In einer Höhe von fast 4 000 m entdeckten und fotografierten sie 1970 eine Fährte, die von einem Yeti hätte stammen können. Am Abend desselben Tages erblickte Whillans in einiger Entfernung von seinem Zelt ein infolge des Mondlichts klar erkennbares affenartiges Lebewesen, »das auf allen vieren einhersprang«. Obgleich die Sherpas den Yeti vielfach als nachtaktiv beschreiben, ist dies die erste Nachtsichtung durch einen Europäer.

Soweit die Berichte und Beobachtungen von Europäern, deren Wunsch, an

27 Sherpa-Darstellung eines Yeti in einem großen Wandgemälde, das das Kloster Tengpoche vor der Ankunft des weißen Mannes zeigt.

die Existenz des Yeti glauben zu können, fast ebenso stark ist, wie die vorliegenden Beweise schwach sind. Doch wie steht es mit den Aussagen der Einheimischen? Sind sie vielleicht beweiskräftiger? Finden wir vielleicht eindeutige Belege für den Yeti in der kulturellen und religiösen Überlieferung Nepals und Tibets?

Der Yeti war anscheinend schon lange ein fester Bestandteil im Leben der Himalaja-Bewohner und in der tibetischen Religion, bevor er auch im Westen bekannt wurde. Zu den Ritualen der alten schamanistischen Bon-Religion, eines Vorläufers des buddhistischen Staatslamaismus, gehörten Opferzeremonien, bei denen das Blut eines Pferdes, eines Hundes, eines Kragenbären, einer

28 Rekonstruktion eines Yeti, die den merkwürdig zugespitzten Schädel und den plumpen Gang zeigt.

Ziege, eines Schweins, eines Raben, eines Menschen und eines Wildmenschen (Yeti) benutzt werden mußte. Das Ritual verlangte überdies, daß das Wildmenschenblut von einem Exemplar stammte, das durch einen Pfeil getötet worden war. In einem Zeremoniell, das im Khumjung-Kloster noch immer praktiziert wird, tritt ein Mann auf, der ein Schafsfell und einen kegelförmigen Hut (die Nachbildung eines Yeti-Skalps) trägt und mit Pfeil und Bogen bewaffnet ist. Auf dem Schauspieler, der diese verständlicherweise nicht gerade sehr beliebte Jägerrolle übernimmt, lastet angeblich ein Fluch. Die genaue Bedeutung dieser Symbolik ist heute nicht mehr bekannt, aber die Anweisungen für das Ritual sind schriftlich festgehalten.

Für die Tibeter ist das Universum voll von übernatürlichen Wesen, und sie machen kaum einen Unterschied zwischen den Naturgottheiten der alten Volkstradition und den Bewohnern des buddhistischen Pantheons. Der Yeti selbst ist eine untergeordnete Figur in der religiösen Kunst Tibets und kommt in den Handschriften vor, wenn auch sehr selten. Zumindest die *thankas* oder *thangkas* genannten Tempelrollbilder, die Meditationszwecken dienen, zeigen gelegentlich einen Yeti oder Wildmenschen.[6] Charakteristisch ist, daß der Yeti auf Darstellungen des Kosmos in einer Position zu sehen ist, die über den Tierabbildungen, jedoch unter der Ebene der Menschen erscheint.[7] Er hat weiße (unbehaarte) Knie und Ellbogen und wird oft in der Pose des »erhobenen Arms« wiedergegeben.

Yetis tauchen auch auf Mandalas auf, welche die Hierarchie der Götter und Dämonen mitsamt deren Gefolge veranschaulichen und als Meditationshilfen gelten. Hier sind die Bären, Affen und Languren deutlich von den Wildmenschen abgesetzt, was darauf hindeutet, daß diese beiden Kategorien, zumindest in den Augen der Künstler, nicht vermischt werden dürfen. Im zoologischen System Tibets wurde der Mensch als Abkömmling der Affen aufgefaßt, der Wildmensch war jedoch weder Mensch noch Affe. Große Verwirrung herrscht leider in den Handschriften, denn es ist schwer zu sagen, welches Wort tatsächlich den Wildmenschen bezeichnet. Einer der tibetischen Begriffe (*mirgod,* »Wildmensch«) kann auch »Räuber«, »Schurke« oder »Dieb« bedeuten, und das Verb »rauben« heißt auch soviel wie »den Yeti spielen«.

Wenn die religiösen Vorstellungen der Tibeter die Existenz eines Geschöpfes nahelegen, das weder Mensch noch Affe, aber dennoch beiden verwandt ist, wie läßt sich dann dieser Befund mit heutigen Aussagen der Himalaja-Bewohner in Einklang bringen? Die Berichte kommen größtenteils von den Sherpas, einem Bergstamm von 30 000 Seelen aus Nepal, dessen weltferne Heimat bis zum 20. Jahrhundert, also bis zur »Invasion« der Bergsteiger, von der westlichen Welt abgeschnitten war. Die Sherpas sind im Lauf der Zeit zum Inbegriff der Gutmütigkeit und Anspruchslosigkeit geworden, und sie leben heute von der Viehzucht, vom Handel und von ihrer Arbeit als Bergführer. Sie sind von ihrer Abstammung her Tibeter, betrachten aber Nepal als ihre Heimat, in die sie während des Mittelalters über die Gebirgspässe eingewandert sind. Für sie steht außer Zweifel, daß der Yeti existiert. Ihre Kontakte mit ihm finden entweder im Sommer statt, wenn kleine Männergruppen ihre Herden auf den Matten der Schneefelder weiden, oder im Winter, wenn sich Menschen und Yetis in tiefergelegene Gebiete zurückziehen. Die Region, die angeblich häufig von Yetis aufgesucht wird, ist ein Gewirr aus zerklüfteten Felsen, Geröllhalden und Höhlen. Dies mag ein Grund dafür sein, daß trotz zahlreicher Sichtungen und Fußspuren noch kein hundertprozentig verbürgter Bericht über einen lebenden Yeti oder eine Yeti-Wohnstätte vorliegt.

Es ist nicht leicht, aus Hunderten von Sichtmeldungen und Tausenden von

29 In der Mitte des Sherpadorfes Pangpoche steht der Dorftempel, in dem einer der berühmten Yeti-Skalpe aufbewahrt wird.

Berichten über Fährten und Lautäußerungen wirklich repräsentative Beispiele auszuwählen. Einige Yetis sind von Sherpas beobachtet worden, während diese selbst ungesehen blieben – die Geschöpfe wurden beim Essen, beim Hocken auf Felsen oder beim einsamen Umherwandern überrascht. Es gibt sogar die Geschichte eines Mannes, der hinter einem Felsen einem Yeti von Angesicht zu Angesicht gegenüberstand, beide erstarrten vor Schreck, bis der Mann sich aufraffte, ein Messer zog und schrie. Dieser Bericht weist verblüffende Parallelen zu chinesischen Yeti-Erzählungen auf.
Daneben gibt es alltägliche Geschichten wie etwa die von Lakhpa Tensing, einem Yakhirten aus Namche Bazar, der im März 1951 einen Yeti entdeckte, als er eines Abends einen verirrten Yak zur Herde zurücktreiben wollte. Er stieß dabei auf den Kadaver eines Pfeifhasen und sah einen kleinen Yeti (von der Größe eines etwa zwölfjährigen Jungen), der mit dem Rücken zu ihm auf einem Felsblock saß. Der Mann fürchtete sich sehr, aber das Geschöpf interessierte sich offensichtlich mehr für seine Mahlzeit als für ihn. Tensing bemerkte, daß der Yeti einen sonderbar spitzen Kopf und rotbraunes Haar hatte.
Pasang Nima, ein Karawanenführer aus Tibet, der an der nepalesischen Grenze zu Hause war, erblickte eines Tages in ebenem Gelände in etwa 200 bis

300 Schritt Entfernung einen Yeti. Er hatte die Größe und Statur eines kleinen Mannes. Sein Kopf war mit langen Haaren bedeckt, während Gesicht und Brust fast unbehaart waren. Das rötlich-braune, aufrechtgehende Geschöpf war emsig damit beschäftigt, Wurzeln auszugraben und stieß hin und wieder laute, schrille Rufe aus.

Klingen diese Berichte wirklich wie Phantasiegespinste? Für mich sind sie eher glaubwürdige Geschichten, wie sie Hirten erzählen, die gewohnt sind, fernab von ihren Dörfern umherzustreifen und dabei ein gutes Gespür für die Tierwelt ringsum entwickelt haben. Durchaus berechtigt ist jedoch auch der Einwand, die Häufung der Sichtungen im Sherpa-Land bezeuge eher die Bereitschaft der Sherpas, die Fragen von Besuchern in der gewünschten Weise zu beantworten, als das tatsächliche Vorkommen der Yetis.

Die meisten religiösen Würdenträger in Tibet glauben fest an den Yeti. Lord Hunt, der, wie wir gesehen haben, fest an die Existenz des Yeti glaubt, zitiert die folgende Geschichte, die ihm der Abt des Klosters Thyangboche erzählte und die durch ihr Understatement an Glaubwürdigkeit gewinnt:[8]

»Als ich mit Charles Wylie und Tensing Norgay neben unserem Gastgeber, einem rundlichen Mann in einer verblichenen roten Robe, Platz genommen hatte, erkundigte ich mich bei ihm nach dem Yeti. . . . Der alte Herr erwärmte sich sogleich für dieses Thema. Während er durch das Fenster auf die Wiese blickte, wo wir unsere Zelte aufgeschlagen hatten, schilderte er sehr anschaulich, wie vor einigen Jahren im Winter, als der Boden mit Schnee bedeckt war, ein Yeti aus dem dahinter liegenden Dickicht aufgetaucht sei. Das Geschöpf, das manchmal auf seinen Hinterbeinen und dann wieder auf allen vieren umhersprang, war stehend ungefähr fünf Fuß [1,50 m] groß und hatte ein graues Haarkleid – eine Beschreibung, die wir auch von anderen Augenzeugen gehört haben. . . . Der Yeti hielt inne, um sich zu kratzen – der alte Mönch ahmte das sehr gut nach, hielt sich dabei aber länger auf, als nötig gewesen wäre –, ergriff etwas Schnee, spielte damit und ließ ein paar Grunzlaute hören – abermals folgte eine überzeugende Imitation. Die Klosterinsassen hatten sich unterdessen in eine große Erregung hineingesteigert und trafen Anstalten, den ungebetenen Gast zu vertreiben. Man ließ die Schneckengehäuse und die langen traditionellen Hörner ertönen. Darauf trollte sich der Yeti zurück ins Gebüsch.«

Trotz kleiner regional bedingter Abweichungen besteht eine erstaunliche Ähnlichkeit zwischen den vielen Sherpa-Berichten und den Aussagen von Europäern. Diese Tatsache erstaunt vor allem deshalb, weil die Entfernungen zwischen manchen Regionen groß sind und weil die Bewohner kaum Kontakt zueinander haben. Insgesamt zeichnet sich das Bild eines großen, kaum aggressiven und langarmigen affenartigen Lebewesens ab, das mit rötlichem Haar bedeckt ist. Es ist ein nachtaktiver Allesfresser mit charakteristischen hohen Lautäußerungen und einem kegelförmigen Kopf. Fast zwei Drittel der

Berichte bezeichnen es als nur teilweise bipedal, denn es bewegt sich vor allem dann auf allen vieren fort, wenn es in Eile ist oder wenn der Schnee sehr hoch liegt. Es verfügt über einen hervorragenden Geruchssinn und gute Augen. Deshalb hatten wohl auch die europäischen Großexpeditionen, die zur Beobachtung und zum Fang von Yetis ausgezogen waren, keinen Erfolg. Yetis werden seltsamerweise meist einzeln gesichtet, und nur vereinzelt konnte man mehrere Exemplare oder Familienverbände beobachten. Man vermutet, daß es sich bei den Einzelgängern vor allem um Männchen handelt, die zeitweilig oder ständig von der Gruppe getrennt leben. Dies entspräche einer typischen Verhaltensform der Orang-Utans.

Das Wohngebiet der Yetis wird manchmal als unbelebt und öde dargestellt, und deshalb meint man, die Yetis könnten in ihm nicht überleben. Doch in Wirklichkeit wimmelt es dort von Tieren, nicht nur von den Pfeifhasen (kleine meerschweinchenähnliche Hasentiere), für die der Yeti eine Vorliebe zu haben scheint, sondern auch von Nagern und Füchsen und im Sommer von Insekten und Raupen. Im Winter kann diese Nahrung knapp werden, und dann wandern die Yetis vermutlich nach Süden und in tiefergelegene Gebiete ab. Nur Blauschafe und Seraue bleiben noch als Beute übrig und werden von Yetis, Schneeleoparden und Bären gleichermaßen erbeutet. Erst oberhalb von 5400 m wird das Tier- und Pflanzenleben spärlicher, doch in Höhen von 3600 bis 5700 m müßte ein allesfressender Primat noch genügend Nahrung vorfinden.

Es ist auch möglich, daß nicht diese hochgelegenen Schneefelder, sondern die subtropischen Gebirgstäler mit ihrer ganz anderen Fauna und Flora den eigentlichen Lebensraum der Yetis darstellen. Sollten diese vegetationsreichen Gegenden (etwa das 1972 erforschte obere Arun-Tal) die größeren Bestände beherbergen, dann wäre es durchaus möglich, daß wir nur die Außenseiter zu Gesicht bekommen, gleichsam die Yeti Pendants der menschlichen Einsiedler und die Einzelgänger, die sich fernab ihrer normalen Wohngebiete aufhalten. Bisher wurden nur wenige Yeti-Wohnstätten entdeckt, wobei die Europäer überhaupt kein Glück hatten. Es heißt, daß die Yetis ähnliche Nester bauen wie die Gorillas: Sie verflechten angeblich frisch abgebrochene Zweige zu Schlafplattformen. Außerdem besitzen sie kleine »Lager« zwischen den Felsen, die man an ihrem stechenden, unangenehmen Geruch und an Kot- und Haaransammlungen erkennen kann.

Wie auch der Lebensraum und die Lebensweise des Yeti beschaffen sein mögen, fest steht auf alle Fälle, daß er eine seltene und gefährdete Art ist. Yeti-Fleisch war bei den Buddhisten als Aphrodisiakum und Allheilmittel sehr begehrt. Da den Mönchen das Töten verboten war, beschafften sie sich das Fleisch von Handelskarawanen, die es wiederum von ortsansässigen Jägern erworben hatten. Ohne Zweifel haben diese Praktiken zum allgemeinen Rückgang der Yeti-Bestände beigetragen, der nach Auskunft der Einheimi-

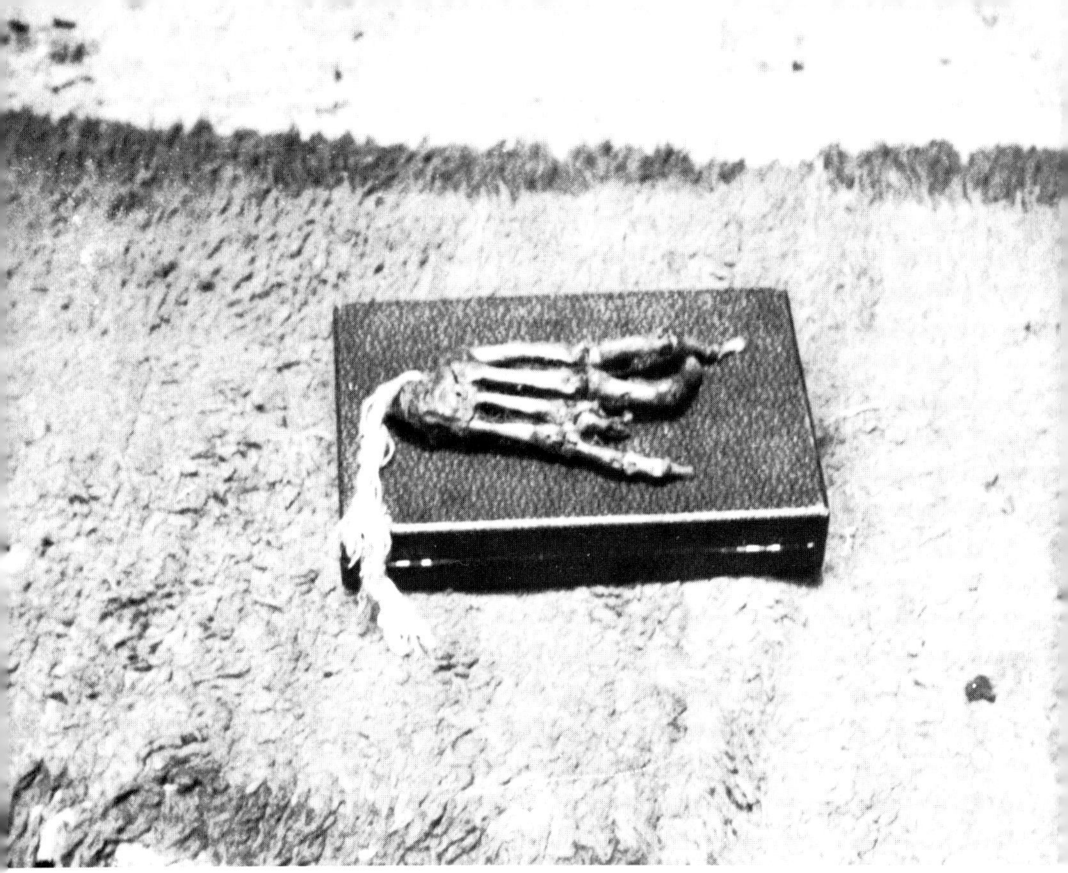

30 Das Handskelett eines Yeti im Dorftempel von Pangpoche. Die mit Messingklammern zusammengehaltenen Knochen können ebensogut von einer Menschenhand herrühren.

schen zwischen dem 18. und 20. Jahrhundert einsetzte. Doch die eigentliche Ursache war vermutlich der wachsende Druck der menschlichen Bevölkerung auf den Lebensraum der Yetis. Wie der Wildyak, der in einem sehr ähnlichen Gelände heimisch ist, ist der Yeti Teil einer Reliktfauna und heutzutage offensichtlich häufiger in China, in Kasachstan und im Pamir vertreten. Es könnte sein, daß der Himalaja lediglich einen Ausläufer des angestammten Verbreitungsraums der Yetis darstellt. Diese Hypothese stützt sich vor allem auf die Tatsache, daß die hier beobachteten Exemplare in der Regel Einzelgänger waren.

Die Zweifel hinsichtlich der Natur, ja überhaupt der Existenz der Yetis könnten sofort ausgeräumt werden, wenn es gelänge, echte Exemplare, lebend oder tot, wissenschaftlich zu untersuchen. Leichen von Yetis sind schon gefunden worden. Bewohner des Dorfes Tharbalch an der tibetischen Grenze, in der Nähe des Rongbuk-Gletschers, sahen einmal einen ertrunkenen Yeti, der auf die Felsen gespült worden war. Ihren Aussagen nach hatte er ungefähr die Größe eines kleinen Mannes, einen spitzen Kopf und ein rotbraunes Haar-

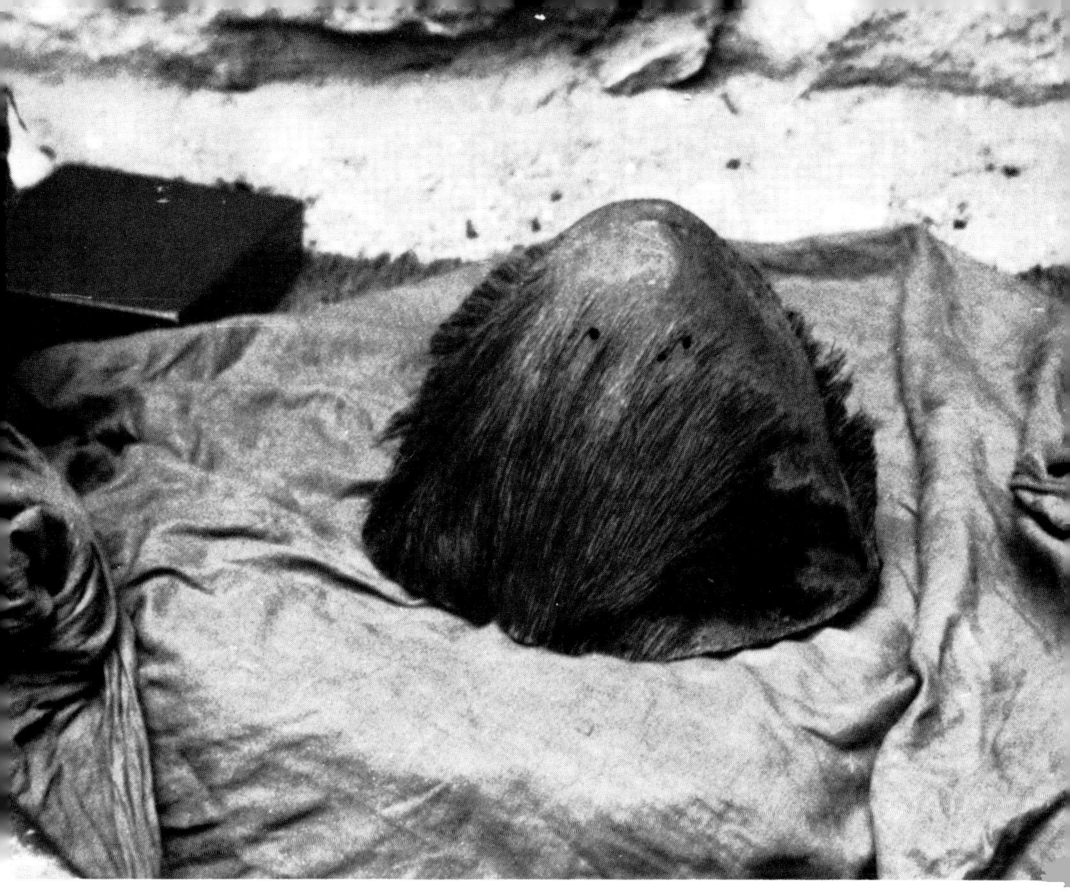

31 Nach Ansicht einiger Wissenschaftler stammt der Yeti-Skalp von Pangpoche aus dem Rückenfell eines Seraus, das über eine Holzform gepreßt wurde.

kleid. Leider fürchteten sich die Dorfbewohner davor, das Fell des Geschöpfes aufzubewahren, denn wie viele Sherpas glaubten sie, daß ein Yeti Unglück bringe.

Mehrere Klöster in der Everest-Region, darunter Pangpoche, Tengpoche und Khumjung, besitzen vermeintliche Yeti-Skalpe. Der Pangpoche-Skalp wurde erstmals 1953 Menschen aus dem Westen gezeigt. Er gehört dem Tempel des Dorfes, in dem er zusammen mit anderen Kostümen und Schmuckgegenständen, die bei den Kulttänzen verwendet werden, aufbewahrt wird. Die *Daily-Mail*-Expedition bemühte sich vergebens, ihn zu kaufen oder zu entleihen, aber ihr verdanken wir immerhin eine ausführliche Beschreibung.

Die einheimischen Sherpas waren fest davon überzeugt, daß der Pangpoche-Skalp von einem Yeti stammte, und zwar von der (menschenähnlichen) *meh-teh*-Spielart. Das Objekt war konisch und helmförmig, so als sollte es auch auf einen menschlichen Kopf passen, was natürlich seiner Bestimmung entsprach. Über den Ohren hatte man es symmetrisch abgeschnitten. Der Skalp war augenscheinlich nicht zusammengenäht und auf den ersten Blick auch nicht

künstlich verformt. Die Außenseite war weitgehend kahl und die Haut ziemlich glatt, aber im ursprünglichen Zustand ganz unverkennbar mit rötlichen Haaren bewachsen, die von der Stirn nach hinten fielen und an den Seiten herabhingen. Ein ausgeprägter Kamm oder »Kiel« verlief vom Stirnansatz über das Schädeldach zum Hinterkopf und war mit borstenartigen Haaren bedeckt. Der Skalp besaß eine Höhe von etwa 19 cm und eine Länge von knapp 25 cm. Er bestand aus sehr gleichförmiger dicker Haut, die noch dicker war als die eines Hausyaks.

Fotos des Skalps und seiner Behaarung wurden nach London gesandt, wo man erklärte, es handle sich lediglich um ein Stück Tierfell, dem man die Form eines Schädels gegeben habe. Bei allen Diskussionen ließ man jedoch den wohl entscheidenden Aspekt außer acht: Der »Skalp« war offensichtlich sehr alt und hatte als echter Yeti-Skalp im Tempelkult eine Rolle gespielt, *weil* die Mönche – und die Sherpas ganz allgemein – an ihn glaubten, ohne Rücksicht auf seine Herkunft. Wenn wir erwarten, daß der Pangpoche-Skalp oder auch irgendein anderer Yeti-Skalp tatsächlich einem Yeti abgenommen worden sei, übersehen wir die religiösen Vorstellungen der Mönche, die keinen Unterschied zwischen dem Yeti selbst und dem Yeti-Darsteller machten, der ihn als Kopfbedeckung bei den Tempeltänzen trug.

Der zweite und noch berühmtere Skalp ist der von Khumjung. Seine Größe entspricht auffallend der des Pangpoche-Skalps, und in manchen lokalen Legenden heißt es, er stamme von einem weiblichen Yeti, während der von Pangpoche von einem männlichen sei. 1960 konnte Sir Edmund Hillary den Khumjung-Skalp für sechs Wochen ausleihen, um ihn von Wissenschaftlern untersuchen zu lassen und in drei Ländern auszustellen. Das Ergebnis war (abgesehen von den Spenden und Geschenken für Khumjung, welche die Renovierung des Klosters und den Bau einer neuen Schule ermöglichten) die Feststellung, daß der Skalp aus dem Schulterfell eines Seraus *(Capricornis sumatraensis)*, also einer im Himalaja heimischen Waldziegenantilope, gefertigt worden sei. Aber die Sache ist vielleicht doch nicht ganz so einfach, denn einige Fachleute haben erklärt, daß die Behaarung eindeutig affenähnlich sei und daß der Skalp Schmarotzermilben einer Art enthalte, die sich von denen des Seraus unterscheiden. Der Khumjung-Skalp wird heute im Kloster für bescheidene 10 Rupien zur Schau gestellt. Der Abt von Tengpoche ist jedenfalls fest davon überzeugt, daß der Yeti tatsächlich existiert, und die Mönche, die in den Klöstern leben, hegen keinerlei Zweifel über die wahre Natur der Yeti-Skalpe.

Gerüchte über weitere mumifizierte Yeti-Überreste kursieren allenthalben, und zumindest ein Lama (Chemed Rigdzin Dorje) behauptet, es gäbe sogar

32 Der alte Beschließer des Dorftempels von Pangpoche wacht über den Yeti-Skalp und erzählt gerne Geschichten von Begegnungen mit dem Schneemenschen.

eine vollständige Schneemenschenmumie. Die einzige andere gut bezeugte Reliquie, eine mumifizierte Hand, ebenfalls aus Pangpoche, wurde in den fünfziger Jahren von Tom Slicks Team untersucht, aber selbst die gründliche Analyse kleiner Hautproben in europäischen Laboratorien erbrachte kein eindeutiges Resultat. Es ging das Gerücht, die Hand stamme von einem ziemlich schlecht konservierten hohen Lama. Wahr ist jedoch, daß sie einige merkwürdige anthropoide Merkmale aufweist.

Heuvelmans berichtet (aufgrund eines Artikels aus dem *Kathmandu Commoner* vom Mai 1957) gleichfalls von einem Yeti-Kopf, der seit rund 25 Jahren in dem entlegenen Dorf Chilunka, 80 km nordöstlich der Hauptstadt, aufbewahrt werde. Daß er sich erhalten hat, ist ein Zeichen für die Tapferkeit der Scharfrichter, mehrerer nepalesischer Soldaten, die den Tod von 31 Kameraden an dem »Mörder« rächten, den sie erwischten, als er nach seiner gewaltigen »Mahlzeit« einen Verdauungsschlaf hielt. Dies ist nicht der einzige »Beweis« für eine handgreifliche Auseinandersetzung mit einem Yeti. Als die beiden norwegischen Prospektoren Thorberg und Frostis 1948 die Zemu-Schlucht zwischen Sikkim und Ostnepal passierten, stießen sie auf eine Doppelfährte aus menschenähnlichen Spuren und schließlich auf deren Urheber. Der mißglückte Versuch, einen davon mit dem Lasso einzufangen, löste verständlicherweise eine Attacke des Yeti aus; ein Norweger wurde zu Boden gerissen und zerfleischt, während der andere entkommen konnte. Die ganze Geschichte hört sich allerdings sehr nach Jägerlatein an.

Ein Yeti ist jedoch offenbar im 19. Jahrhundert gefangen worden. Dies bezeugt die Aussage eines Herrn aus Südafrika, der eine meiner Rundfunkvorträge über dieses Thema gehört hatte und mir im Februar 1981 seine Geschichte erzählte:

»Vor vielen Jahren hat mir die Mutter meiner verstorbenen Frau in Indien berichtet, daß deren Mutter bei Mussorie in den Vorbergen des Himalajas tatsächlich ein derartiges Geschöpf gesehen habe. Dieser Halbmensch ging zwar aufrecht, war jedoch wegen seiner vollständigen Körperbehaarung eher ein Tier als ein Mensch. Er war nachweislich hoch oben im Schnee gefangen worden und mit Fellen bedeckt, als jene Dame ihn sah. Das Ganze muß sich vor mehr als 100 Jahren abgespielt haben, und ich weiß natürlich nichts weiter darüber, außer daß die Jäger das Geschöpf in Ketten gelegt hatten. Doch ich dachte, diese Reminiszenz würde Sie interessieren, denn aufgrund dieser Episode und anderer Volksüberlieferungen bekehrte sich meine Schwiegermutter, die dort drüben geboren und aufgewachsen war, zum Glauben an den Yeti. Auch ich selbst kenne diese Gegend sehr gut und kann Ihnen versichern, daß es dort noch große unerforschte und unerforschbare Gebiete gibt.«

Das hohe Alter dieser Geschichte – sie stammt vermutlich aus dem späten 19. Jahrhundert – ist von großer Bedeutung, denn sie reicht in die Zeit vor dem großen Bergsteigerboom zurück und gehört einer Periode an, in der Berichte

33 Die Mönche des buddhistischen Klosters Tengpoche im Everestgebiet kennen viele Geschichten über den Yeti und haben ihn sogar auf einer Wandmalerei dargestellt.

über Yetis noch kaum Beachtung fanden. Außerdem ist wichtig, daß sowohl die Berichterstatterin als auch mein Korrespondent die Gegend gut kannten und deshalb wohl auch mit ihrer Flora und Fauna vertraut waren. Die Beschreibung des Lebewesens selbst enthält keine Größenangaben und könnte, wenn man die Wendung »eher ein Tier als ein Mensch« nicht allzu ernst nimmt, auch auf einen exzentrischen Einzelgänger oder einen Geisteskranken zutreffen. Die Aussage »mit Fellen bedeckt« könnte ebenfalls von Bedeutung sein, obgleich aus ihr nicht hervorgeht, ob das Geschöpf die Felle trug, als es gefangen wurde, oder ob es lediglich aus Schicklichkeitsgründen mit Fellen verhüllt worden war, bevor man es zur Schau stellte. Wenn das erstere zutrifft, haben wir es nicht nur mit einem gefangenen Yeti zu tun, sondern auch mit dem ersten Hinweis auf einen kleidertragenden Yeti.

Erst neulich erhielt ich einen weiteren Brief, diesmal von einer Studentin aus Cambridge, die vor kurzem einige Monate in Indien verbracht hat, wo sie ein bekanntes Schriftstellerpaar kennenlernte. Es besitzt ein Haus in Mussorie an den Ausläufern des Himalajas und erzählte ihr von einer Yeti-Sichtung, die ihm 1961 berichtet worden sei.

Eines Abends sei man beim Essen auf das Thema Yeti zu sprechen gekommen, und bei dieser Gelegenheit hätten die beiden ihren Diener gefragt, ob er schon jemals ein solches merkwürdiges Geschöpf gesehen habe. Der Mann stammte aus einem abgeschiedenen Himalaja-Dorf und war mit der Pflanzen- und Tierwelt seiner Heimat vertraut, daß es unwahrscheinlich war, daß er das Wesen, das er gesehen hatte, mit einem Affen oder einer Bärenart hätte verwechseln können. Er war kein gebildeter Mann und hatte große Schwierigkeiten, für die Beschreibung des Lebewesens die richtigen Worte zu finden, was darauf hindeutet, daß die Geschichte echt und nicht frei erfunden ist.
Er beschrieb ein großes, menschenähnliches Lebewesen, das an einem Wintertag in seinem Dorf aufgetaucht sei. Die Dorfbewohner, die befürchteten, daß es ihre Ernten vernichten könnte, hätten es von einem ausgedienten Soldaten erschießen lassen und anschließend auf einem Feld begraben. Das Geschöpf war nackt und rötlich behaart gewesen, hatte jedoch »fast menschliche« Züge besessen. Der Diener versicherte, es sei weder ein Affe noch ein Bär gewesen, und er war überzeugt davon, daß er die Stelle wiederfinden würde, wo man es begraben habe. Mit etwas Glück *könnten* wir also durch eine Exhumierung jeden Zweifel ein für allemal beseitigen, aber das haben schon viele behauptet, und so bin ich, was das Ergebnis anbetrifft, weiterhin alles andere als optimistisch.

IV.
DER
CHINESISCHE
YETI

Der chinesische Yeti wurde der ahnungslosen westlichen Welt erstmals am 22. April 1979 durch den *Sunday Telegraph* vorgestellt, und zwar unter der dramatischen Schlagzeile: »Soldaten verspeisten einen Yeti.« Der Artikel basierte auf einem Beitrag in der chinesischen Zeitschrift *Huashi* (»Fossilien«), die berichtet hatte, daß bereits 1962 chinesische Soldaten, die in einem vage mit »Ausläufern des Himalajas« umschriebenen Gebiet stationiert waren, ein »yetiähnliches Lebewesen« getötet und aufgegessen hätten. Der Zeitungsartikel sprach von dem »Fleisch eines Schneemenschen«, den die Soldaten in einem entlegenen Teil der Provinz Yünnan erlegt hätten. Seitdem seien in Tibet und seinen Nachbarregionen mindestens zehn weitere Yeti-Sichtungen registriert worden, die letzte erst 1976.[1]
Bei der Durchsicht der *Huashi*-Jahrgänge stellte sich heraus, daß das Yeti-Problem erstmals 1977 von einem gewissen Shi Zhu aufgebracht wurde unter der Überschrift: »Existiert der Wildmensch?« Der Aufsatz befaßt sich hauptsächlich mit den internationalen Wildmenschengeschichten und ist deshalb für uns nicht sonderlich interessant. Die nächsten Berichte aus China, die auf englisch erschienen sind (»Der Wildmensch – Tatsache oder Erfindung?« und »Die Wälder von Shennongjia: Heimat seltener Tierarten«), finden sich in der Juli- und Augustnummer 1979 der aktuellen Informationszeitschrift *China Reconstructs.*[3] Der zuletztgenannte Artikel ist der bei weitem wichtigste. Er wurde verfaßt von Forschern des Instituts für Paläoanthropologie und Wirbeltierpaläontologie der Chinesischen Akademie der Wissenschaften, die in der nordwestlichen Provinz Hubei Berichten über das Vorkommen von Wildmenschen in dieser Gegend nachgegangen waren.
Die ältere chinesische Literatur und die Volksüberlieferung enthalten offensichtlich immer wieder Hinweise auf große, behaarte menschenähnliche Wesen, die in den ausgedehnten Wäldern der Quinling-Bashan-Shennongjia-Bergregion in Zentralchina, dem Nordwesten der Provinz Hubei, hausen sollen. Die entlegenen, geheimnisumwitterten Shennongjia-Berge sind von Legenden und Sagen umwoben; es scheint, daß selbst Shennong, der legendäre Gottkönig und Begründer von Ackerbau und Viehzucht, vor der Höhe der Berge zurückschreckte und ein Gerüst bauen mußte, als er sie erstieg, um Heilkräuter zu sammeln. Und so kam die Gegend zu ihrem Namen: durch Shennong und das chinesische Wort *jia,* das soviel wie »Gerüst« bedeutet.
Shennongjia ist rund 2000 km^2 groß und besteht aus steilen, zerklüfteten Bergen, die meist etwa 2500 m, stellenweise jedoch 3000 m hoch sind. In den Höhenlagen über 1800 m halten sich die frühwinterlichen Temperaturen, auch wenn die tiefergelegenen Gebiete unter der Julihitze schmachten. So entsteht in Shennongjia ein eigentümliches Mikroklima, in dem eine einzigartige und vielgestaltige Fauna gedeiht und überlebt. Die Gegend liefert seltene exotische Hölzer sowie den begehrten »Pfeilbambus«, der zu hochwertigem Papier verarbeitet wird und außerdem die Nahrung der Großen Pandabären darstellt.

Schon früh tauchten Hinweise auf seltsame Primaten auf. Vor 2000 Jahren, in der Zeit der »streitenden Reiche«, erwähnte der Staatsmann und Dichter Qu Yuan (340 bis 278 v. Chr.) aus dem Reiche Chu »Bergungeheuer« in seinen Gedichten. Er lebte bezeichnenderweise unmittelbar südlich von Shennongjia, im Bereich des heutigen Bezirks Zigui der Provinz Hubei. In der Zeit der Tang-Dynastie (618 bis 907 n. Chr.) beschreibt der Historiker Li Yanshou in seiner *Geschichte des Südens* eine Horde »behaarter Menschen« auf dem Territorium des heutigen Bezirks Jiangling, der ebenfalls zu Hubei gehört. Noch später berichtet der Dichter Yuan Mei (1716 bis 1798) in seinem während der Zeit der Ch'ing-Dynastie entstandenen Buch *Neue Rhythmen* von einem Lebewesen, das »affenähnlich, aber kein Affe« sei und im Südwesten der Provinz Shaanxi (Bezirk Xianning) vorkomme.

Die erste wissenschaftliche Beobachtung eines chinesischen Yeti ist relativ neuen Datums und geht auf einen Biologen zurück. Wang Zelin promovierte im Fach Biologie an der Northwestern University in Chicago, kehrte aber bei Ausbruch des Zweiten Weltkrieges nach China zurück. 1940 arbeitete er mit im Bewässerungskomitee am Gelben Fluß und hatte folgendes Erlebnis:[4]

»Im September oder Oktober fuhren wir von Baoji über Jiangluo nach Tianshui; unser Wagen befand sich zwischen der Stadt Jiangluo und der Ebene von Niangniang, als wir plötzlich vor uns Schüsse hörten. Sobald der Wagen die Menge erreicht hatte, die den Schützen umringte, stiegen wir alle aus, um unsere Neugier zu befriedigen. Wir sahen einen bereits toten ›Wildmenschen‹ am Straßenrand liegen. Der noch nicht erstarrte Leichnam war von ansehnlicher Größe: Er maß ungefähr 2 m. Den ganzen Körper bedeckten kräftige graurote Haare, die sehr dicht und etwa 1 *cun* [3 cm] lang waren. Da das Geschöpf mit dem Gesicht nach unten lag, drehten die besonders neugierigen Passanten die Leiche um, um sie noch besser betrachten zu können. Es stellte sich heraus, daß es sich um eine Mutter mit sehr großen Brüsten handelte. Die Brustwarzen waren stark gerötet, als ob sie erst vor kurzem geboren hätte. In dem schmalen, von kürzerem Haar bewachsenen Gesicht lagen die Augen tief in den Höhlen, während die Backenknochen und Lippen vorstanden. Das Kopfhaar war ungefähr 1 *chi* [30 cm] lang und ungepflegt. In seiner äußeren Erscheinung ähnelte das Geschöpf sehr dem Gipsmodell des weiblichen Pekingmenschen [der chinesische *Homo erectus*]. Das Haar schien jedoch länger und dichter zu sein als das der Affenmenschenrekonstruktion. Wegen seiner vorstehenden Lippen wirkte das Geschöpf besonders häßlich.

Nach Auskunft der Einheimischen gab es zwei dieser Lebewesen, wahrscheinlich ein Mann und eine Frau. Sie hatten sich in der Gegend schon seit mehr als einem Monat herumgetrieben. Die ›Wildmenschen‹ besaßen große Kräfte, standen häufig aufrecht und waren sehr hochgewachsen. Sie waren behende und konnten sich hangaufwärts ebenso schnell bewegen wie in ebenem Gelände. Die Geschöpfe konnten nicht sprechen, sondern nur heulen.«

34 Die Regionen im Himalaja, in der Äußeren Mongolei und in China (Bezirk Fangxian), in denen Yetis und Almas gesichtet wurden.

Da Wang Zelin selbst Biologe war, scheint die Möglichkeit auszuscheiden, daß es sich bei dem Lebewesen um einen Bären oder ein anderes der Wissenschaft bekanntes Tier gehandelt haben könnte. Die exakte Ortsangabe und die sonstigen Details erhöhen die Glaubwürdigkeit des Berichts, der auch mit anderen Beschreibungen durchaus übereinstimmt.

Am 14. Mai 1976 ereignete sich schließlich etwas, was das Interesse an der Wildmenschenfrage sprunghaft ansteigen ließ und selbst einige der hartnäkkigsten chinesischen Skeptiker überzeugte: Sechs Kaderleute aus der Shennongjia-Waldregion fuhren auf der Landstraße unweit des Dorfes Chunshuya zwischen dem Bezirk Fangxian und Shennongjia, als sie ein seltsames schwanzloses Lebewesen mit rötlichem Fell erblickten, das von den Autoscheinwerfern angestrahlt wurde. Der Fahrer hielt an, so daß die Lampen auf das Geschöpf gerichtet waren. Die anderen stiegen aus, um es genauer zu inspizieren. Sie konnten sich ihm auf Schrittweite nähern. Später beteuerten sie, es sei weder ein Bär noch ein anderes Tier gewesen, das sie jemals gesehen hätten, und schickten ein Telegramm an die Chinesische Akademie der Wis-

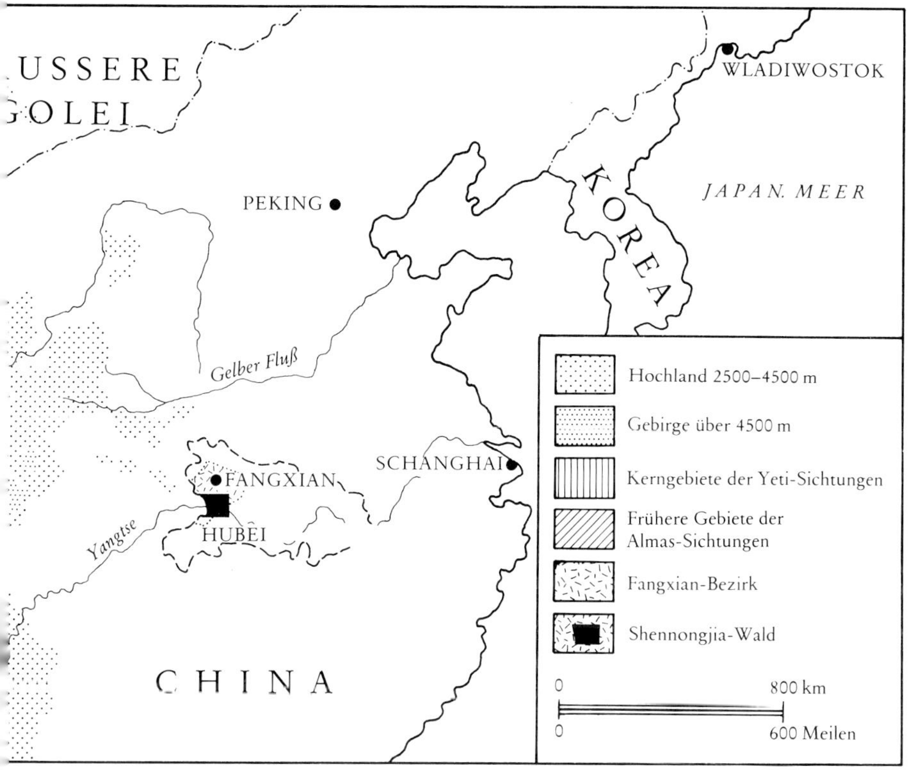

senschaften in Peking. Die Öffentlichkeit zeigte sofort reges Interesse. Viele Menschen schrieben Briefe mit weiteren Sichtmeldungen, und die Armee entsandte Suchtrupps in den Wald. Schließlich entschloß man sich, ein richtiges Forschungsteam zusammenzustellen, dem Wissenschaftler aus Peking und Schanghai sowie aus den Provinzen Hubei, Shaanxi und Szechwan angehörten. Hinzu kamen Fotografen und Spezialeinheiten mit Karabinern, Betäubungsgewehren, Tonaufnahmegeräten und Suchhunden. Dieses stattliche Team – es umfaßte am Ende über 100 Personen, die noch von Pfadfindern der Armee aus Wuhan unterstützt wurden – arbeitete 1976 und 1977 in der Region und befragte Hunderte von Menschen. Zusammen mit einheimischen Milizleuten und Kommunemitgliedern organisierte man mehrere großangelegte Suchaktionen. Zwar blieb, wie stets bei solchen Expeditionen, ein endgültiges Resultat aus; es kamen aber immerhin einige aufschlußreiche Informationen ans Licht.
Am 19. Juni 1976 ging Gong Yulan, eine 32jährige Frau aus der Quiaoshang-Kommune im Bezirk Fangxian, in die Berge, um Gras zu mähen. Sie wurde

dabei von ihrem vier Jahre alten Kind begleitet. Die beiden sahen einen Wildmenschen, der seinen Rücken an einem Baumstamm scheuerte. Die Wissenschaftler konnten den Baum lokalisieren, den die Frau beschrieben hatte, und in einer Höhe von 1,30 m entdeckten sie tatsächlich mehrere Dutzend feine Haare. Eine im August desselben Jahres stattfindende erneute Untersuchung des Baums förderte 1,80 m über dem Boden noch zwei lange Haare zutage.[5] Im Zuge des zwei Jahre dauernden Unternehmens wurde ein Gebiet von etwa 1 300 km^2 durchforscht und zugleich Daten über Geologie, Flora und Fauna der Region zusammengetragen. Die einzigen konkreten Wildmenschenspuren blieben jedoch Haare, Fußabdrücke und Exkremente. Wo zahlreiche Sichtmeldungen registriert wurden, klangen die Beschreibungen, wie gewöhnlich, mehr oder weniger gleich. Ein typisches Beispiel ist einem Bericht von Wu Jiayan und Niu Yong vom Biologischen Forschungsteam aus Shaanxi (1977) entnommen. Es geht dabei um die Beschreibung eines behaarten Mannes aus den Taibai-Bergen im Herzen der Provinz Shaanxi. Die beiden Wissenschaftler verdankten die folgende Darstellung Pang Gensheng, einem 33jährigen Gruppenleiter aus der Cuifeng-Kommune im Bezirk Zhouzhi: »Anfang Juni 1977 begab ich mich in die Schlucht des Baches Dadi, um Holz zu fällen. Irgendwann zwischen 11 und 12 Uhr morgens begegnete mir im Wald auf dem Hang der Schlucht ein behaarter Mann. Er kam näher und näher. Ich bekam es mit der Angst zu tun und wich zurück, bis ich mit dem Rükken an eine Felswand stieß und nicht mehr weiter konnte. Der behaarte Mann näherte sich mir bis auf sieben oder acht Fuß [ein chinesischer Fuß mißt 33 cm, in den angelsächsischen Ländern 30,5 cm], dann sogar auf etwa fünf Fuß. Ich hob meine Axt, bereit, um mein Leben zu kämpfen. So standen wir da, und über eine Stunde lang rührte sich keiner von uns beiden vom Fleck. Dann ergriff ich einen Stein und warf ihn nach dem Mann. Ich traf ihn auf der Brust. Er heulte mehrmals auf und rieb die Stelle mit der linken Hand. Dann wandte er sich nach links und lehnte sich gegen einen Baum, danach ging er langsam auf den Boden der Schlucht zu. Dabei ließ er murmelnde Laute hören. Er war ungefähr sieben Fuß groß, hatte Schultern, die breiter als die eines Mannes waren, eine abfallende Stirn, tiefliegende Augen und eine knollige Nase mit leicht aufgebogenen Nasenlöchern. Er besaß eingesunkene Wangen, Ohren wie ein Mensch, aber größer, und runde Augen, die ebenfalls größer als die eines Menschen waren. Sein Unterkiefer sprang vor, und auch die Lippen standen vor. Die Vorderzähne waren so breit wie bei einem Pferd. Die Augen waren schwarz. Sein dunkelbraunes Haar war mehr als ein Fuß lang und hing lose auf die Schultern herab. Kurze Haare bedeckten sein ganzes Gesicht, ausgenommen die Nase und die Ohren. Die Arme hingen bis unter die Knie her-

35 Der Shennongjia-Wald in Zentralchina. In dieser Bergwelt mit ihrem einzigartigen Klima hat sich eine Reliktfauna und -flora erhalten, vielleicht auch der Yeti.

ab. Er besaß große Hände, ungefähr einen halben Fuß lang, und die Daumen standen nur wenig von den anderen Fingern ab. Er hatte keinen Schwanz, und die Körperbehaarung war kurz. Seine dicken Oberschenkel waren kürzer als der untere Teil des Beins. Er ging aufrecht mit gespreizten Beinen. Seine Füße waren jeweils etwa einen Fuß lang und halb so breit – vorne breiter und hinten schmal, mit gespreizten Zehen. Er war männlich. Das konnte ich deutlich erkennen.«

Dieser Bericht stimmt im großen und ganzen mit anderen Yeti-Porträts überein, weicht aber zugleich in Einzelheiten von ihnen ab. Die Körperproportionen, die Behaarung, die Armlänge und so weiter sind sehr ähnlich, und die Fußform taucht auch im Zusammenhang mit dem Himalaja-Yeti und dem nordamerikanischen Bigfoot auf. Die Ausdehnung des Haarkleids ist jedoch interessant, denn im allgemeinen werden diese Lebewesen als nacktgesichtig beschrieben. Der merkwürdige Hang der chinesischen Yetis, sich an Bäume anzulehnen, ist wohl der Grund dafür, daß man ihre Haare in großen Mengen entdecken konnte. Andere Besonderheiten, die für die China-Yetis charakteristisch zu sein scheinen, sind die gelegentliche Aggressivität (oder vielleicht auch nur bloße Neugier) dieser Geschöpfe und ihre mannigfaltigen Lautäußerungen (in diesem Bericht zum Beispiel Murmeln und Heulen). Natürlich wird der Ruf des Yeti sehr unterschiedlich beschrieben, in Volkserzählungen finden sich sogar Hinweise auf die Fähigkeit der Yetis, die Rufe eines jeden Tieres zu kopieren, aber das hier erwähnte Murmeln und Heulen klingt ziemlich echt.

Eine entstellte Version der oben zitierten Geschichte erschien am 15. Juni 1981 in der englischen Zeitschrift *Weekend*, die unter der Überschrift »Eine haarige Begegnung« eine Kurzfassung des Berichts von »Pong Ke-Shem« (= Pang Gensheng) abdruckte:

»Das Geschöpf war gut 10 Fuß groß [es wird nicht angegeben, ob es sich um das chinesische oder englische Maß handelt] und vollständig behaart. Es hatte dicke Lippen und große Zähne, wie die eines Pferdes. Es war bedeckt mit langem braunem Haar und besaß sehr lange Arme und riesige Füße. Ich war entsetzt und schleuderte einen Stein gegen seine Beine, doch statt sich auf mich zu stürzen, entwurzelte es einen jungen Baum, den es als Spazierstock benutzte, als es davonhumpelte!« Das ist ein Musterbeispiel dafür, wie eine durchaus glaubwürdig klingende Geschichte in der Presseberichterstattung entstellt, ja ins Lächerliche gezogen werden kann.

Eine noch kuriosere Geschichte stand am 2. Dezember 1980 im *Daily Telegraph* unter der sensationellen Schlagzeile: »Chinesisches Kind von Affenmenschen gezeugt!« Der Sonderkorrespondent des *Telegraph* in Peking hatte in der amtlichen Tageszeitung *Guangming* den Bericht über eine Frau gelesen, die 1939 siebenundzwanzig Tage lang in »einem Waldgebiet, das häufig von ›Wildmenschen aus der Provinz Hubei‹ heimgesucht wird«, verschwunden

玃圖

36 Zwei chinesische Bergungeheuer aus einem großen Pantheon ähnlicher Sagengestalten, die sich möglicherweise vom Yeti herleiten.

war. Bei der genannten Berglandschaft handelt es sich ohne Zweifel um Shennongjia, und die Sensation besteht darin, daß die Frau behauptete, sie sei von »Wildmenschen« gefangen worden, und habe später ein »Affenkind« zur Welt gebracht, obwohl sie »bestritt, irgendwelche Beziehungen zu ihnen gehabt zu haben«. Der Sproß dieser dubiosen Verbindung, das sogenannte »Affenkind«, starb 1960 im Alter von 21 Jahren. Seine Gebeine wurden, der Zeitung *Guangming* zufolge, vor einiger Zeit ausgegraben, und ihre Untersuchung ergab, daß »das Skelett des Kindes die Merkmale eines Affen und eines Menschen aufwies«. Wie schade, daß es keinen wissenschaftlich einwandfreien Bericht über dieses Skelett gibt, auch wenn offenkundig ist, daß man die ganze Geschichte mit Vorsicht genießen muß. Immerhin, das öffentliche Interesse am chinesischen Yeti war jetzt geweckt, und er fand nunmehr auch Eingang in die wissenschaftliche Diskussion.

Zhou Guoxing, Anthropologe am Naturhistorischen Museum in Peking, trug die Ergebnisse seiner Yeti-Studien auf einem Kongreß vor, der zum 50jährigen Jubiläum der Entdeckung des Pekingmenschen veranstaltet wurde. In der westlichen Presse erschien der einzige Hinweis darauf in einem wiederum sensationell aufgemachten Artikel der *New York Times* vom 5. Januar 1980, und zwar unter der Schlagzeile: »Er ist groß, er hat welliges Haar, und die Chinesen jagen weiter nach ihm.« Zhou hat anscheinend etwa ein Dutzend archäologische und anthropologische Sachbücher veröffentlicht und wurde 1977 mit der Leitung der wissenschaftlichen Expedition in Shennongjia betraut. Man konnte zwar keinen Yeti fangen, dafür aber viele Belege für seine Existenz zusammentragen. Einmal kam die Expedition nahe an einen Yeti heran, »doch bevor das Geschöpf eingefangen werden konnte, schoß sich ein aufgeregter Soldat versehentlich ins Bein. Auf den Schuß hin eilten die Expeditionsteilnehmer von allen Seiten herbei und verscheuchten dadurch vermutlich das Lebewesen.«[6]

1981 veröffentlichten die *Peking Evening News* vom 19. Januar die nachstehende merkwürdige Geschichte, die sich ebenfalls in Shennongjia zugetragen haben soll:

»Neue Informationen über die ›Wilden Menschen‹.
Ein Bericht aus Shennongjia von Peng Hengcai.

Das erste Jahr der auf fünf Jahre vorgeplanten Erforschung der seltsamen Lebewesen im Nordwesten der Provinz Hubei, die weltweit Aufsehen erregt hat, nähert sich seinem Ende. Mitglieder der Forscherteams sind aus Zhushan, Gang Xian, Dawan und anderen Gegenden zusammengekommen und haben sich im Zentrum des Sondierungsgebiets versammelt – in Songbai im Shennongjia-Wald.

Im Laufe des Jahres 1980 haben die Forscherteams, die Hunger und große Strapazen ertragen mußten, neues Material entdeckt und wichtige Erkennt-

37 Mikroaufnahmen von in Epoxidharz eingebetteten Haarlängsschnitten; von links nach rechts: Braunbär (× 250), Schimpansenrücken (× 200), Menschenbein (× 150), chinesischer Yeti aus Shennongjia (× 170).

nisse über die geheimnisvollen ›Wildmenschen‹ gewonnen. Jedes Team trug zahlreiche Beweise für die Existenz dieser seltsamen Wesen zusammen, unter anderem Fußabdrücke, Haare und Exkremente. 150 *li* [80 km] vom Hauptgipfel Shennongjias entfernt wurden auf dem Berg Quiangdao in einer Höhe von 2400 m über dem Meer bei zwei Gelegenheiten insgesamt mehr als 200 Fußabdrücke entdeckt, die von den seltsamen Geschöpfen herrührten. Die Spuren, die man bei der ersten Gelegenheit fand, hatten eine Länge von 48 cm und eine mittlere Schrittweite von 2,50 m und sind somit die größten Abdrücke, die bislang auf der Welt entdeckt worden sind. Diese einheitlichen, sauberen und scharfen Fußabdrücke, bei denen sich die fünf Zehen deutlich abheben, wurden von der Zentralen Dokumentarfilmgruppe gefilmt.
Im Jahre 1980 haben Privatpersonen, unter anderem auch aus den Provinzen Shaanxi und Szechwan, den Forschern zahlreiche Augenzeugenberichte über ›Wildmenschen‹ zu Protokoll gegeben. Yan Mingde, ein älterer Bauer der Bancang-Brigade Nr. 2, Kommune Bancang, berichtete einem Team, daß im 9. Mond [Oktober-November] des Jahres 1947, als er in der Volksarmee diente, acht rotbehaarte Wildmenschen aus dem Urwald bei Yangjiaodon [Widderhornhöhle] hervorgekommen und von mehr als 1000 Soldaten über zehn Tage lang verfolgt worden seien. Die acht ›Wildmenschen‹ hätten schließlich in einer Einsiedlerhütte tief in den Bergen Zuflucht gesucht. Die Soldaten hät-

ten die aus drei Räumen bestehende Strohhütte umstellt, Maschinengewehre aufgebaut und das Gebäude in Brand gesteckt, woraufhin sieben riesige Wildmenschen, mehr als 8 *chi* [2,30 m] groß, die Dachsparren und die Strohdecke hochgehoben und den Belagerungsring durchbrochen hätten. Ein kleiner sei zurückgeblieben; er sei gestolpert, in das Flammeninferno gestürzt und verbrannt. Man habe ihn herausgeholt und draußen in Stücke gehackt. Yan Mingdes Bericht über die größte Gruppe von ›Wildmenschen‹, die je im nordwestlichen Hubei registriert wurde, ist von großer Bedeutung.
Vor einiger Zeit fällten Liao Conggui und sein Neffe Brennholz in Dayanwu. Da es sehr neblig war, hielten sie durch Rufe Kontakt zueinander, wodurch zwei ›Wildmenschen‹ angelockt wurden. Nach diesem Zwischenfall fand ein Forscherteam an dem Schauplatz des Geschehens zahlreiche deutliche Fußabdrücke von 39 cm Länge sowie andere überzeugende Beweisstücke.
In einem Jahr praktischer Forschungsarbeit haben die Teams die Lebensweise dieser merkwürdigen Geschöpfe annähernd rekonstruiert. Die Analyse der übereinstimmenden Augenzeugenberichte läßt darauf schließen, daß sie sehr wahrscheinlich ihre gewohnte tagaktive Lebensform aufgegeben haben, um die ihnen von Menschen drohende Gefahr zu verringern. Die Forscher haben ebenfalls festgestellt, daß die Sondierung durch umherschweifende Gruppen eine Hauptursache für die geringe Effizienz der Forschungsarbeit darstellt und deshalb nicht zweckdienlich ist.«

Der erste Teil dieses Berichts, der die Beschreibung der riesigen Fußspuren enthält, machte am 20. Januar 1981 Schlagzeilen in aller Welt. Doch die Geschichte von den acht rotbehaarten Wildmenschen scheint mir erfunden zu sein. Der dritte Vorfall, die Sichtung von zwei Wildmenschen durch Holzfäller, ist sehr viel glaubwürdiger, zumal der Vorgang durch Spurenfunde belegt wurde. Eine der aufschlußreichsten Aussagen des Berichts ist jedoch der kleinlaute Kommentar am Schluß, der eine Vermutung bestätigt, die einige Wissenschaftler (auch ich selbst) seit Jahren vorbringen – daß nämlich die einzige Möglichkeit, wissenschaftlich brauchbare Informationen über diese Lebewesen zu gewinnen, darin besteht, daß sich eine kleine Forschergruppe längere Zeit in einer bestimmten Region aufhält. Man könnte hier einen hilfreichen Vergleich ziehen zwischen den aufwendigen Großexpeditionen, die den Yeti in China und Nepal aufspüren sollen, und den bescheidenen, aber erfolgreicheren Projekten, bei denen Dian Fossey das Leben der Berggorillas und Jane van Lawick-Goodall das Verhalten der Schimpansen erforscht haben.
Was nun den chinesischen Yeti angeht, so kann man folgende drei Hypothesen aufstellen:

1. Alles ist frei erfunden, und diese Lebewesen existieren nicht.
2. Die Lebewesen existieren wirklich und sind eine bislang unbekannte oder unklassifizierte Primatenform.

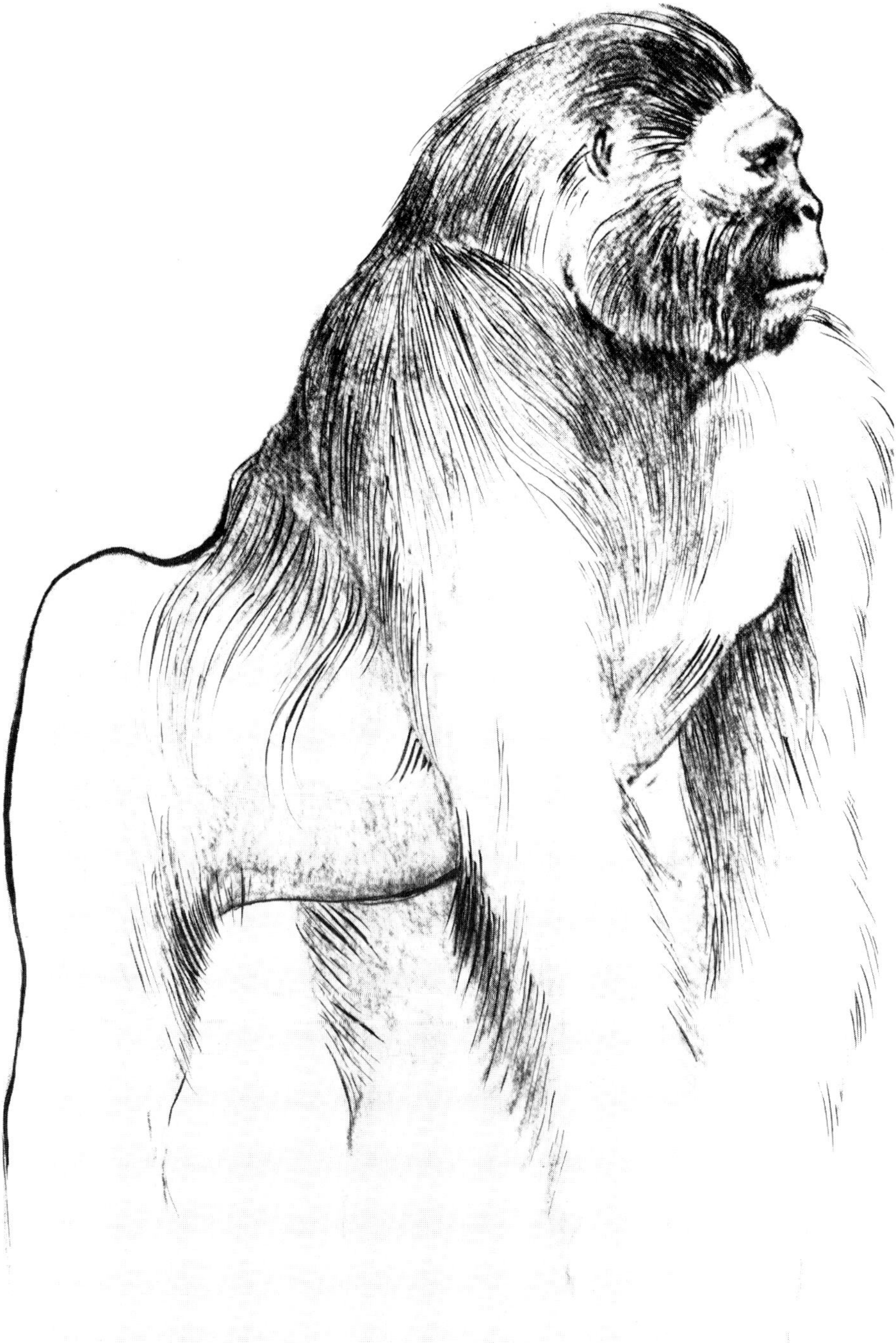

38 *Gigantopithecus*, ein Riesenaffe, der vielleicht vor einer halben Jahrmillion ausstarb und der Vorfahre des Yeti sein könnte.

3. Es handelt sich um »Rückschläge« zu primitiven Typen, um »verwilderte« Menschen oder um Einsiedler bzw. Geisteskranke, die in der Wildnis hausen.

Wenn man die 2. Hypothese akzeptiert, bleibt die Frage der Klassifizierung bestehen, und um sie zu klären, müßten Verhaltensweisen und morphologische Merkmale des chinesischen Yeti mit denen anderer Primaten verglichen werden. Zweifellos haben wir es beim chinesischen Yeti nicht mit einem menschenartigen Wesen zu tun, denn er ähnelt der Gattung *Homo* in keiner Weise. In China hat man zwar Überreste von Haaren und Exkrementen gefunden, aber Haaranalysen sind erfahrungsgemäß äußerst schwierig. Die Pekinger Wissenschaftler konnten lediglich schlüssig nachweisen, daß sich ihre Yeti-Haare sehr von denen des Braun- und Kragenbären unterscheiden. In Shennongjia leben vier weitere Primatenarten, und der nächste Schritt muß darin bestehen, deren Haar vergleichend zu untersuchen.

Viele Tausende von Fußspuren wurden entdeckt. Bei den meisten stellte sich zwar heraus, daß sie von Bären oder ähnlichen Tieren stammten, doch einige waren in der Tat höchst ungewöhnlich. Sie rühren von langgestreckten Füßen her (exakte Längenangaben sind in der Literatur nicht zu finden), die vorne etwa 10 cm breit und hinten schmaler sind (etwa 5 cm). Die Zehenabdrücke sind oval geformt, und eine Zehe ist ziemlich deutlich von den anderen abgesetzt. Wo die Fußspuren in Einzelreihe aufeinanderfolgten, schwankten ihre Abstände zwischen 50 und 100 cm.

Im September 1976 wurden auch einige Exkremente entdeckt,[8] kleine Kothaufen auf einer Steilwand in halber Höhe eines Berges in der Hongta-Kommune des Bezirks Fangxian. Vor und nach diesem Fund wurden viermal Wildmenschen in dieser Gegend gesichtet. In drei Fällen, und zwar während der Monate März, Mai und Juli 1976, beobachtete man dabei eine Frau mit ihrem Kind. Im November desselben Jahres wurde ein einzelner Mann gesehen. Die Kothaufen, die stark ausgetrocknet waren, ähnelten menschlichen Ausscheidungen und enthielten unverdaute Fruchtschalen und wilde Kastanien, aber keine Reste von Tierfellen oder -knochen. Dies ist interessant und wahrscheinlich signifikant, denn auch *Gigantopithecus,* ein möglicher Yeti-Vorfahre, war vorwiegend Vegetarier. Dies trifft auch auf den Berggorilla zu, dessen Lebensraum dem des Yeti in vieler Hinsicht gleicht.

Andere Exkremente hingegen, die am 30. August 1977 in der Tielu-Schlucht in der Kommune Panshui, Shennongjia, entdeckt wurden, stammen von einem Berghang und aus einer Höhle und deuten auf eine abwechslungsreichere Kost hin. Sie enthielten Überreste von Insektenkokons und wurden von Forschern sichergestellt, die eine Wildmenschenfährte bis zu der Stelle verfolgt hatten, wo das Geschöpf augenscheinlich stehengeblieben war, um Insektenkokons aus der Rinde von Birken hervorzuklauben und zu verzehren. Die Kotballen hatten große Ähnlichkeit mit denen eines allesfressenden großen

39 »Drachenzähne« aus Hongkong und Kanton, darunter drei Backenzähne von *Gigantopithecus* (der erstmals durch solche Funde bekannt wurde), gesammelt von Fossiljägern und verwendet in der chinesischen Volksmedizin.

Primaten und wichen deutlich von Bären- oder Huftierausscheidungen ab. Am wahrscheinlichsten ist es, daß der Yeti entweder einen weiteren Zweig des Primatenstammbaums repräsentiert oder eine vermeintlich ausgestorbene Art, die wie andere Primaten (zum Beispiel die Berggorillas) und letztlich auch der Mensch selbst von einem gemeinsamen Vorfahren abstammen.
Die Chinesen neigen zu der Auffassung, daß der Yeti dem *Gigantopithecus* nahesteht. *Homo* oder *Giganthopithecus* sind aus gemeinsamen Stammformen hervorgegangen, die sich vor etwa 20 Millionen Jahren auseinanderentwickelten, aber dann gewisse parallele Evolutionsphasen durchmachten.[9] Die systematische Stellung von *Gigantopithecus* ist noch ungeklärt – von ihm sind nur wenige Zahn- und Unterkieferfossilien aus China und Indien bekannt[10] –, doch offensichtlich haben wir es mit einem etwa gorillagroßen, bodenbewohnenden affenartigen Lebewesen zu tun, das zum Zerkleinern zäher Nahrung geeignete Backenzähne und abgeflachte Eckzähne besaß. Es erscheint plausibler, daß der Yeti nicht ein rezenter Vertreter der Gattung *Gigantopithecus*, sondern lediglich ein Nachfahre dieser Gattung ist.
Gigantopithecus gilt seit einer halben Million Jahre als ausgestorben, aber er oder seine Abkömmlinge könnten sehr wohl bis heute überdauert haben. Als passendes Beispiel könnte man den Quastenflosser anführen, den man noch vor einigen Jahrzehnten als untergegangen betrachtete, bis sich herausstellte, daß er auch heute noch quicklebendig ist. In der Shennongjia-Region wimmelt es von Pflanzen, die man als »lebende Fossilien« bezeichnet (unter anderem die Metasequoie, der Taubenbaum und der chinesische Tulpenbaum), und seltene Tiere sind dort ebenfalls entdeckt worden: ein weißer Bär, der Große Panda, der Takin und eine »goldene« Affenart, von der inzwischen drei Spielarten in diesem Gebiet, dem einzigen der Welt, in dem sie vorkommen, identifiziert werden konnten. Meine persönliche Meinung ist, daß diese einzigartige Flora und Fauna das ideale Rückzugsgebiet für einen unbekannten Primaten darstellt, ob es sich nun um *Gigantopithecus* selbst oder um dessen Nachfahren handelt.
Es gibt allerdings noch eine alternative, wenngleich weniger wissenschaftliche Hypothese. Der erste chinesische Kaiser Hwang-Ti, der Erbauer der Großen Mauer, könnte bei der Entstehung des Yeti unwissentlich seine Hand im Spiel gehabt haben. Einer alten Sage zufolge versuchten sich Menschen der Zwangsarbeit an der Mauer dadurch zu entziehen, daß sie sich in die Wälder zurückzogen und dort versteckten; ihre Nachkommen verwilderten, wurden größer und behaart, behielten aber selbst noch nach vielen Generationen ihr Sprachvermögen. Sie kamen von Zeit zu Zeit aus ihrem Refugium hervor und fragten: »Ist die Mauer inzwischen fertig?« Doch obwohl die Antwort stets »ja« lautete, wollten sie es nicht glauben und kehrten wieder in den Wald zurück, wo sie nun leider die Wirklichkeit einzuholen beginnt.

V.
ALMAS IN DER MONGOLEI

Iwan Iwlow, ein russischer Kinderarzt, bereiste 1963 das Altai-Gebirge in der südlichen Mongolei, als er eine Familie menschenähnlicher Geschöpfe erblickte, einen Mann, eine Frau und ein kleines Kind, die auf einem Berghang standen. Iwlow ist ein sehr angesehener Mann, dessen Vater Nikolai ebenfalls Arzt war und viele Jahre lang in der mongolischen Hauptstadt Ulan Bator wirkte, wo man ihm sogar ein Denkmal errichtet hat. Wir haben es also nicht mit Volksmärchen und Legenden zu tun, sondern mit einem Vorfall, der von einem akademisch gebildeten Naturwissenschaftler beobachtet und den zuständigen Behörden gemeldet wurde. Es besteht kein Anlaß, Iwlows Worte anzuzweifeln, teils wegen seines untadeligen wissenschaftlichen Rufs und teils deshalb, weil er die Existenz dieser Lebewesen mit Skepsis betrachtete, obgleich er schon viele Geschichten über sie gehört hatte. Iwlow konnte die Familiengruppe der »Almas«, wie sie in der Mongolei genannt werden, aus einer Entfernung von rund 800 m durch seinen Feldstecher eine Zeitlang betrachten, bevor sie sich in Bewegung setzte und hinter einem Felsblock verschwand. Der mongolische Fahrer des Arztes sah die Geschöpfe ebenfalls und versicherte ihm, daß sie in dieser Gegend recht häufig vorkämen.[1]

Iwlow, nachhaltig beeindruckt durch dieses Erlebnis, befragte daraufhin die Kinder, die seine Patienten waren. Er ging dabei von der Überlegung aus, daß deren Erzählungen wahrscheinlich weniger verfälscht seien als die der Erwachsenen. Er stellte fest, daß viele Kinder schon Almas gesehen hatten, und trug eine Reihe von detaillierten Berichten zusammen. Ein Kind erzählte ihm, es habe einmal einen männlichen Almas beim Durchwaten eines seichten Baches beobachtet, in dem es zusammen mit mehreren anderen Kindern gebadet habe. Der Almas wurde begleitet von einem Almas-Kind, das er vor dem Einstieg ins Wasser auf den Rücken nahm. Dabei beachtete er überhaupt nicht die menschlichen Kinder, die ihm erstaunt, aber ohne Furcht zusahen. Der kleine Patient berichtete weiter, sie hätten den Rücken des Almas-Mannes deutlich erkennen können, und das Kind habe über dessen Schulter geschaut und dabei die Zunge herausgestreckt und Grimassen geschnitten! Daß ein Kind eine solche Geschichte frei erfunden haben könnte, wäre ungewöhnlich, zumal sie von anderen Einheimischen bestätigt wurde. Iwlow entschied sich jedenfalls dafür, sie für glaubwürdig zu halten.

Wer oder was sind nun diese Almas, die so unbekümmert in der Äußeren Mongolei umherschweifen, und was wissen wir über sie?

Im Mongolischen ist das Wort Almas ein Neutrum, das ein seltsames Lebewesen zwischen Mensch und Affe bezeichnet. Auch könnte es sich auch von zwei mongolischen Begriffen herleiten: *ala* (»töten«) und *mal* (»Tiere«). Die Linguisten sind sich nicht einig über die genaue Herkunft des Namens. Er ließe sich auch mit »Wildmensch« übersetzen, obwohl in der mongolischen Literatursprache dafür der Begriff *kümün görögesü* verwendet wird, allerdings nur von den Westmongolen, die in Sinkiang leben, das südlich der Mongolischen

Volksrepublik liegt. In der Mongolei wimmelt es von Ortsnamen, die mit Almas zusammenhängen, zum Beispiel *Almasyn dobo* (Almas-Hügel), *Almasyn ulan oula* (Rote Almas-Berge) oder *Almasyn ulan khada* (Rote Almas-Felsen). Doch solche Namen beschränken sich auf die südlichen Regionen der Mongolei (Altai-Gobi-Gebiet) und auf Teile der Dsungarei jenseits der russischen Grenze.

Die Geschichten über die Almas unterscheiden sich von denen über den Yeti des Himalaja oder den Sasquatch/Bigfoot Nordamerikas dadurch, daß ihnen durchweg der mythologische Überbau fehlt, außer im Nordwesten des Landes. Dort hat man einige mythologische Elemente aufgespürt, und dort besteht auch eine Verbindung zu den europäischen Sagen vom »Wilden Jäger« (vergleiche Kapitel 1). In den schamanistischen Legenden der nordwestlichen Mongolei[2] stehen die Seelen der Wildmenschen den Jägern bei der Verfolgung wilder Tiere bei, weil sie hoffen, etwas von der Beute zu erhalten. In einigen Ortssagen kommt ein »Almas-Gott« vor, dem nur das Fleisch von Wildtieren und eßbare wilde Wurzeln geopfert werden.

Hier scheint ein Zusammenhang mit den buddhistischen Glaubensvorstellungen von den Dämonen vorzuliegen, die in den Bergwäldern und auf den Hochplateaus leben. Nach Ansicht mongolischer Ethnologen beruhen diese Mythen auf Tatsachen, auf den in der Volksüberlieferung auftauchenden behaarten und aufrecht gehenden menschenähnlichen Wesen, die von manchen frühen Schamanen als Dämonen umgedeutet wurden. In den Legenden finden sich Hinweise darauf, daß die Geschöpfe Steingeräte benutzten und nur natürliche Nahrung zu sich nahmen, weil sie eine Abneigung gegen die Kost der nomadisierenden Viehzüchter hatten. Die Almas sind in der Regel nicht mit übernatürlichen Kräften ausgestattet, und die Einheimischen haben keine Angst vor ihnen.[3] Sie gelten als andersartige, primitivere Menschenformen, deren Anwesenheit kaum eine Erwähnung wert ist. Es gibt keine Belege dafür, daß die Almas jemals absichtlich einem Menschen etwas angetan hätten, doch häufig ist die Rede davon, daß sie bewußt den Kontakt zu ihm gesucht haben.

Die Almas-Geschichten reichen sehr weit in die Vergangenheit zurück. Aber je weiter man zurückgeht, desto schwieriger wird es offenbar, die echten literarischen Zeugnisse von den unverbindlichen Geschichten über die »Wildmenschen des Waldes« zu scheiden. Erste Darstellungen aus dem Tien-Schan-Gebirge (anscheinend das Kerngebiet der Almas-Erzählungen), das im Südwesten der mongolischen Altai-Kette liegt, stammen aus dem 15. Jahrhundert und enthalten offenkundig Hinweise auf die Almas. Diese Darstellungen finden sich in den außergewöhnlichen Erinnerungen des bayerischen Landsknechts Hans Schiltberger. Er wurde von den Türken gefangengenommen und fiel später Timurlenk, dem Tamerlan der Legende und damaligen Khan der Goldenen Horde, in die Hände, der ihn für das Gefolge des Tataren- oder Mongolenfürsten Egidi auswählte. Schiltberger gelang 1427 die Flucht in die

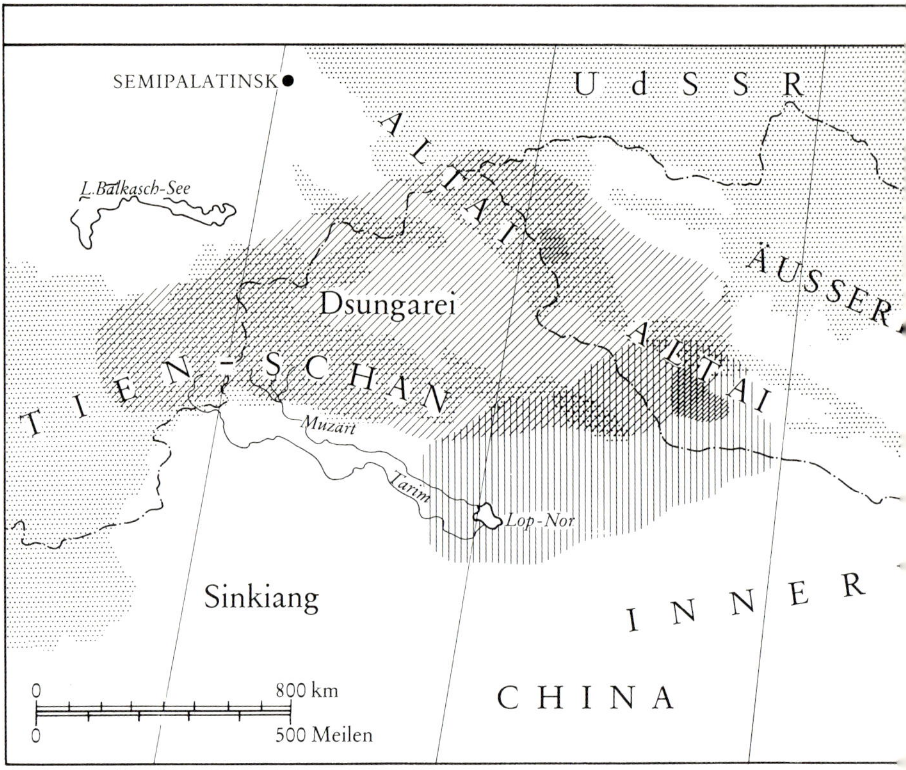

40 Die Verbreitung der Almas-Berichte in der Mongolei und Dsungarei vom 14. Jahrhundert bis heute.

Heimat, und er schrieb einen Reisebericht, der 1430 abgeschlossen war und heute in München aufbewahrt wird.[4] Der folgende Auszug stammt aus diesem Buch. Die erwähnten Arbus-Berge lassen sich eindeutig als das Tien-Schan-Gebirge identifizieren,[5] und Tschekra war ein Mongolenfürst.

»Tschekra vereinigte sich mit Egidi auf seiner Reise nach Sibirien, das sie nach zwei Monaten erreichten. In diesem Lande ist eine Gebirgskette, genannt Arbus, die zweiunddreißig Tagereisen lang ist. Die Bewohner sagen, daß jenseits der Berge eine Wüste beginnt, die am Ende der Welt liegt. Niemand kann dort leben, weil die Wüste von so vielen Schlangen und Tigern bewohnt ist. In den Bergen selbst hausen wilde Menschen, die mit anderen menschlichen Wesen nichts gemein haben. Ein Fell bedeckt den ganzen Leib dieser Geschöpfe. Nur die Hand und das Gesicht sind von Haaren frei. Sie streifen in den Bergen umher gleich Tieren und essen Laub und Gras und was sie sonst vorfinden. Der Herr des Landes machte Egidi ein Paar der Waldleute zum Geschenk, einen Mann und eine Frau. Sie waren in der Wildnis gefangen worden, zusammen mit drei ungezähmten Pferden, so groß wie Esel, und allerlei anderen Tieren,

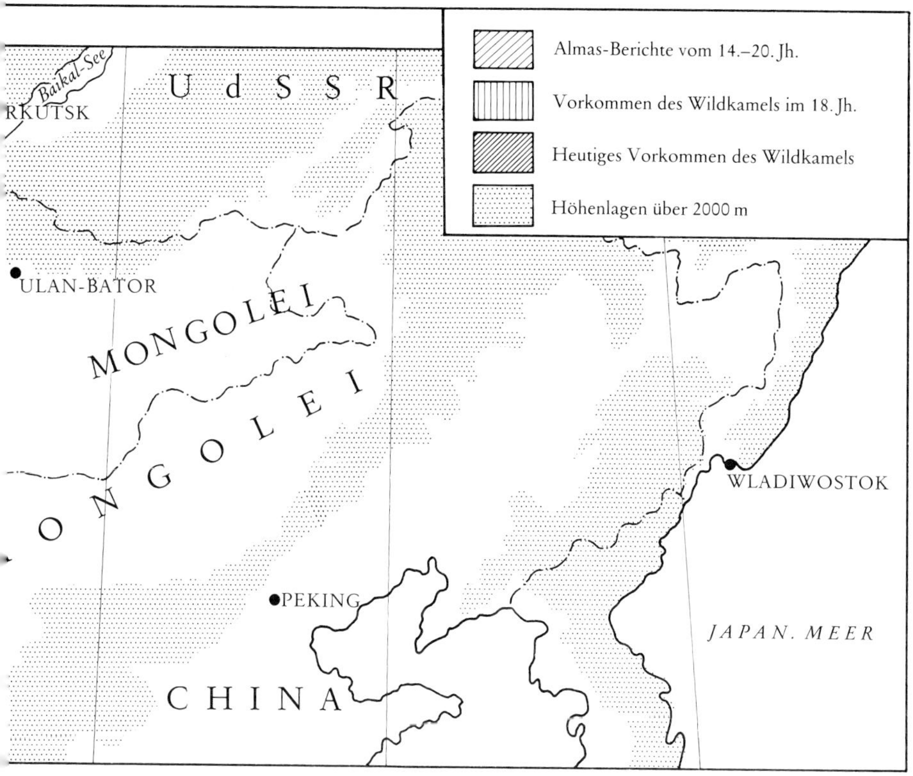

die in deutschen Landen nicht vorkommen und die ich deshalb nicht benennen kann.«
Diese Textstelle ist aus zwei Gründen interessant. Erstens berichtet Schiltberger, er habe die Lebewesen *mit eigenen Augen* gesehen. Und zweitens spricht er offensichtlich von Przewalski-Pferden, die erst 1881 von Nikolai Przewalski wiederentdeckt wurden. Die Beschreibung der »wilden Menschen« ist zwar vage und enthält keinen Namen, aber die geographischen Angaben lassen vermuten, daß wir hier die erste Erwähnung der Almas vor uns haben. Przewalski selbst beobachtete 1871 »Wildmenschen« in der Mongolei, und Legenden, die deren Verbreitung in Zentralasien bezeugen, sind seit dem Mittelalter häufig.
Nach Schiltbergers Bericht gab es, abgesehen von einigen lamaistischen Kultgemälden, kaum einschlägige Belege, bis der tschechische Anthropologe Emmanuel Vlček in den fünfziger Jahren unseres Jahrhunderts mit der Untersuchung von zwei alten anthropologischen und anatomischen Werken begann, die sich in der Bibliothek des Gandan-Klosters in der heutigen mongolischen

Hauptstadt Ulan Bator befinden. Das erste Buch, das Ende des 18. Jahrhunderts in Peking erschienen ist, enthält eine systematische Darstellung der mongolischen Wildfauna und, zu Vlčeks großer Überraschung, auch die eindeutig identifizierbare Zeichnung eines Wildmenschen. Das Buch ist in tibetischer Schrift von Holzstöcken auf schmale Papierstreifen gedruckt. Die genannte Abbildung zeigt ein Lebewesen, das augenscheinlich zweifüßig ist und aufrecht und mit hochgerecktem Arm auf einem Felsen steht. Es ist fast vollständig mit Haaren bedeckt, abgesehen von den Händen und Füßen, dabei nicht sehr realistisch wiedergegeben. Die Stilisierung entspricht der künstlerischen Tradition der lamaistischen Staatsreligion. Die dreisprachigen Bildunterschriften besagen, daß das Geschöpf *samdja* (tibetisch), *bitchum* (chinesisch) und *Kümchin görügösü* (mongolisch) genannt wurde. Alle drei Namen lassen sich mit »Mensch-Tier« übersetzen.[6]

Weitere Nachforschungen in der Zentralbibliothek des Wissenschaftlichen Komitees der Mongolei förderten eine neuere Ausgabe desselben Werkes zutage, das ein Jahrhundert später in Urga (heute Ulan Bator) unter demselben Titel herauskam, den man mit »Anatomisches Handbuch zur Erkennung verschiedener Krankheiten« übersetzen könnte. Hier taucht derselbe bipede Primat inmitten einer systematischen Abhandlung über die Naturgeschichte der Mongolei auf, doch es wurden einige erklärende Anmerkungen in tibetischer Sprache hinzugefügt, aus denen hervorgeht, daß die angegebenen Namen, in diesem Fall *osodrashin* (tibetisch), *Peeyi* (chinesisch) und *zerleg khoon* (mongolisch), die Bedeutung »Wildmensch« haben.

Die Illustration ist der der älteren Ausgabe sehr ähnlich, aber noch stärker stilisiert und vielleicht weniger glaubwürdig. Der Kopf ist behaart und das Gesicht unter einem Vollbart versteckt. Den übrigen Körper, ausgenommen Hände und Füße, überzieht ein kurzes Fell, das die Muskeln hervortreten läßt, vor allem die außergewöhnlich kräftig entwickelte Brustmuskulatur. Den gleichen Merkmalen begegnen wir übrigens auch beim Neandertaler (Kapitel 9). Der tibetische Begleittext zur Abbildung lautet: »Der Wildmensch lebt in den Bergen, sein Ursprung steht dem des Bären nahe, sein Körper ähnelt dem eines Menschen, und er besitzt ungeheuere Kräfte. Sein Fleisch kann zur Heilung geistiger Krankheiten verzehrt werden, und seine Galle kuriert die Gelbsucht.«

Es ist besonders aufschlußreich, daß dieses Lebewesen, eindeutig ein Almas, den Reisenden zwischen Tibet und der Mongolei so wohlvertraut war, daß es in ein Werk aufgenommen wurde, das zu Recht als ein Standardwerk der mongolischen Naturgeschichte gilt. Das Buch enthält Tausende von Illustra-

41 Am Fuß des Altai-Gebirges, wo die Wüste in die Berghänge übergeht. In dieser Gegend, zumal in der Umgebung von Flußtälern und Seen, sind die meisten Almas gesichtet worden.

tionen der verschiedenen Tierklassen (Säugetiere, Reptilien und Amphibien), aber kein einziges Fabelwesen, wie es beispielsweise in ähnlichen Büchern aus dem europäischen Mittelalter üblich war. Alle aufgeführten Tiere sind noch heute nachweisbar. Es besteht also kein Grund zu der Annahme, daß nicht auch der Almas existiert haben soll, und der entsprechende Text und die Abbildung deuten an, daß er einen felsigen Lebensraum bewohnte.

Ein hervorragender mongolischer Gelehrter, der verstorbene Professor Y. Rinchen,[7] meinte, das Buch, dessen Titel korrekter *Der Spiegel der Heilkunst* lauten müßte, sei von einem mongolischen Weisen namens Thondup Gyaltsen (1792–1855) verfaßt worden. Vlček sah offenbar nur diese beiden Ausgaben, doch inzwischen ist erwiesen, daß es mindestens drei gibt: eine Ausgabe aus der Inneren Mongolei, eine zweite im tibetischen Kumbum-Kloster und die mongolische Fassung des Klosters Pandita Geuguen. In dieser ist das alte Manuskript mit Zusätzen in tibetischer, mongolischer, Mandschu- und chinesischer Sprache abgedruckt. Sie stammt aus der Bibliothek Seiner Heiligkeit des letzten lebenden Buddha von Urga (Ulan Bator) aus dem Jahre 1924. Die erste von Vlček veröffentlichte Zeichnung ist der alten innermongolischen Ausgabe entnommen, die zweite der Revision von 1912.

Wenn wir dies als Beleg dafür nehmen, daß Almas rezente Lebewesen sind (oder waren), dann müssen wir uns näher mit den Resultaten der heutigen Forschung und dem dokumentarischen Material aus der jüngsten Vergangenheit befassen. Zu den faszinierendsten Quellen gehören die Schriften des exzentrischen und geheimnisvollen Professors Rinchen, der wegen seiner ungewöhnlichen Karriere und seiner schillernden Persönlichkeit in der Mongolei zeitweise zur *persona non grata* erklärt wurde. Aus seinem reichen Fundus an Geschichten wird immer wieder mit Respekt und Bewunderung zitiert, von nomadisierenden Hirten ebenso wie von seinen Kollegen an der Akademie der Wissenschaften.

Christopher Dobson, ein in der Mongolei tätiger Journalist, hat Rinchens Lebensführung 1958 wie folgt geschildert[8]: »Als ich eines Tages den Wald durchstreifte, stieß ich auf eine Jurte – ein mongolisches Zelt –, in deren Nähe eine Mongolin mittleren Alters im Fluß Kleider wusch. Ich begrüßte sie mit ›guten Morgen‹. Und zu meiner größten Überraschung erwiderte sie in makellosem Englisch: ›Guten Morgen. Möchten Sie mit uns eine Tasse Kaffee trinken?‹

Ich war zufällig in die Sommerbehausung von Dr. Rinchen geraten, dem bekanntesten Schriftsteller der Mongolei. Was für ein reizender Mann! Er war braungebrannt und sportlich und hatte einen Löwenkopf mit weißer Mähne sowie einen mongolischen Backenbart. Auf einem heiligen Berg inmitten eines alten Waldes unterhielten wir uns über Kunst und Literatur der alten Mongolei. Damals entdeckte ich, daß er ein Schneemenschenexperte war. ›Bei uns heißen sie Almas, was soviel wie Wildmensch bedeutet‹, sagte er.«

43 Dieselbe Gestalt in einer späteren Ausgabe desselben Buches, veröffentlicht in Ulan-Bator.

42 Ein mongolischer Almas aus einer tibetischen Handschrift des 18. Jahrhunderts. Die Gestalt steht auf einem Felsen und hebt den linken Arm. Die Bildinschriften (in tibetischer, chinesischer und mongolischer Sprache) bedeuten »Wildmensch«.

Ein großer Teil von Rinchens frühen Arbeiten (er war Linguist) blieb unangefochten, aber später scheint er in Ungnade gefallen zu sein, und vor seinem Tode 1977 wurde er als »nationalistischer Bourgeois« diffamiert. Rinchen hat sich über 50 Jahre hinweg mit dem Almas-Problem beschäftigt und war, als er starb, zweifellos einer der führenden Intellektuellen der Mongolischen Volksrepublik.
Rinchen war indes nicht der erste Gelehrte, der Almas beobachtet hat. Diese Ehre gebührt Badzare Baradyine (zuweilen auch Baradiyn oder Baradiin geschrieben), der im April 1906 die Alatschin-Wüste bereiste. Eines Abends, kurz vor Sonnenuntergang, als es Zeit war, das Nachtlager aufzuschlagen, stieß der Karawanenführer plötzlich einen Schreckensschrei aus. Die Karawane hielt inne, und alle konnten die Silhouette eines behaarten Mannes erkennen, der im Licht der untergehenden Sonne auf einem Sandhügel stand. Nachdem er die Besucher einen Augenblick lang gemustert hatte, drehte er sich auf dem Fersen um und verschwand zwischen den Dünen.
Diese Beobachtung stieß in der russischen Fachwelt auf großes Interesse, wurde aber auch mit einigem Mißtrauen aufgenommen, und kein Geringerer als der Präsident der Kaiserlich-Russischen Geographischen Gesellschaft forderte Baradyine auf, im 1908 veröffentlichten Expeditionsbericht diesen Vorfall nicht zu erwähnen. Baradyine berichtete jedoch seinem Freund, dem angesehenen mongolischen Professor Zhamtsarano, von der Geschichte und von anderen Almas-Begegnungen, die seine mongolischen Begleiter erlebt hatten.
Zhamtsarano, ein burjatischer Mongole, war 1880 geboren und zeit seines Lebens ein leidenschaftlicher Sammler von Mongoliana. Er überlebte die Verbannung in die Äußere Mongolei durch die zaristische Regierung wegen seines Nationalismus und später auch die durch die sowjetischen Behörden, die ihn ebenfalls wegen seiner nationalistischen Einstellung[9] von der Äußeren Mongolei nach Leningrad schickten. Vom Ende des 19. Jahrhunderts bis 1928 trieb er extensive Feldstudien mit dem Ziel, die Wahrheit der Almas-Geschichten nachzuweisen, und er trug jeden Fund und die Namen seiner Informanten in eine Spezialkarte ein. Bei den letzteren handelte es sich zumeist um mongolische Nomaden, die durch die Region zogen und zahlreiche Sichtungen und Spurenfunde meldeten. Zhamtsarano vermerkte die genauen Daten der einzelnen Sichtungen und ersuchte den ihn begleitenden Künstler Soeltai, alle Beschreibungen in Farbzeichnungen festzuhalten. Dieses Archivmaterial ist seitdem verschollen. Baradyine wurde 1928/29 aus politischen Gründen festgenommen und hingerichtet, während Zhamtsarano, der damals gleichfalls in Ungnade gefallen war, später rehabilitiert wurde.
Es stellt sich nun die Frage, wieviel von Baradyines Beobachtungen und von Zhamtsaranos riesigem Archiv nachfolgenden Forschern wie etwa Rinchen und später Boris Porschnew tatsächlich zur Verfügung stand. Baradyine und Zhamtsarano stammten aus derselben Region und waren fast Zeitgenossen.

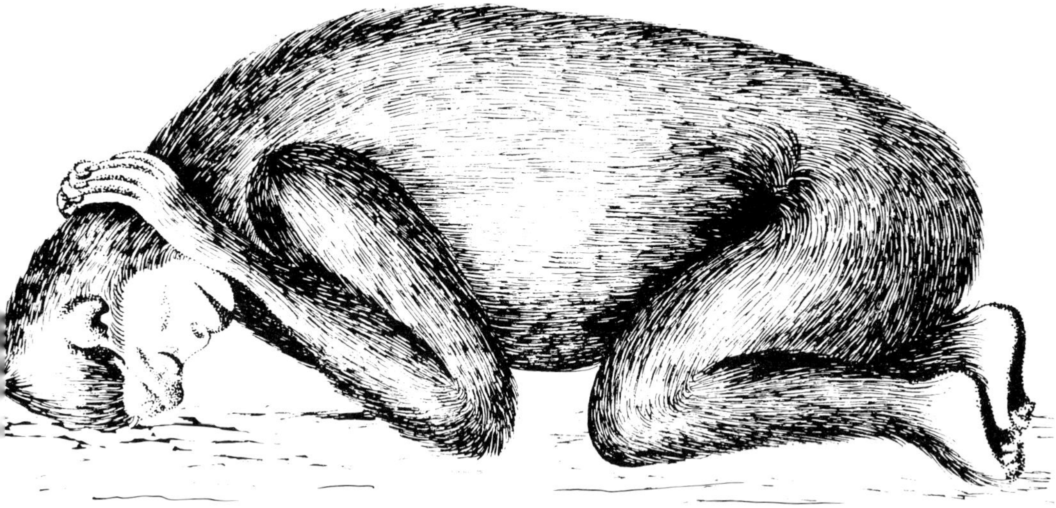

44 Rekonstruktion der vermuteten Schlafhaltung des dsungarischen Almas. Eine Zeichnung des russischen Zoologen Chachlow aus den ersten Jahren des 20. Jahrhunderts.

So erhielten sie beispielsweise am selben Tag vom selben Ortskomitee Stipendien für den Besuch einer russischen Universität.[10] Zhamtsarano starb 1940, und seine Aufzeichnungen befinden sich heute in zwei Archiven: 148 Schriftstücke liegen in der Sammlung der Leningrader Sektion des Fernostinstituts der Akademie der Wissenschaften der UdSSR,[11] 31 im Institut für Gesellschaftswissenschaften der burjatischen Abteilung der Sibirischen Sektion der Akademie,[12] die ihren Sitz in Ulan Ude hat. Diese Unterlagen sind zwar höchstwahrscheinlich westlichen Forschern nicht ohne weiteres zugänglich, können aber doch wohl mit Sicherheit von sowjetischen Wissenschaftlern eingesehen werden.
Als Porschnew 1958/59 seine Forschungen betrieb, existierte Zhamtsarano offiziell nicht, und obgleich seine Manuskripte eine der größten Sammlungen in der Leningrader Sektion des Fernostinstituts ausmachen, wurde sein Name in den veröffentlichten Bestandsaufnahmen dieses Archivs nicht genannt.[13] Rinchen verrät uns jedoch in seiner Zusammenstellung der Zhamtsarano-Arbeiten,[14] daß er das Archiv 1958 benutzt hat, ein Jahr bevor er darüber schrieb. Um 1960–1962 wurde Zhamtsarano rehabilitiert, und es erschienen mehrere Artikel anläßlich seines 80. Geburtstages. Porschnew scheint jedoch nicht in der Lage gewesen zu sein, das Archiv auszuwerten; in seinen Publikationen finden sich zwei Anmerkungen (die eine 1963, die zweite 1968), aus denen hervorgeht, daß er glaubte, das Archivmaterial sei vernichtet worden oder verlorengegangen. Die Nachforschungen eines meiner Kollegen lassen jedoch vermuten, daß das Material noch immer an Ort und Stelle liegt, daß

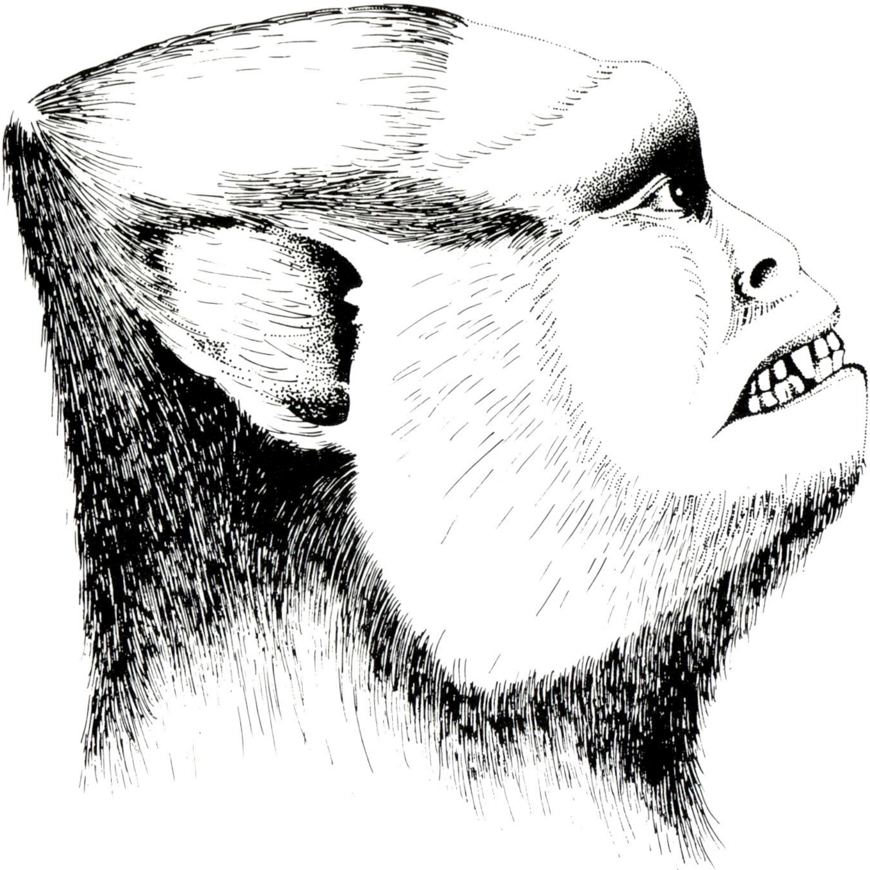

45, 46 Zwei Kopfrekonstruktionen des dsungarischen Almas. Das Orginal *(oben)* stammt aus Chachlows Bericht von 1914, der auch der zweiten, sehr viel »menschlicher« wirkenden Darstellung (gezeichnet von der Verfasserin) zugrunde gelegt wurde.

aber Porschnew darüber nichts von Rinchen erfuhr, obwohl sich beide für das Almas-Problem interessierten.
Das *könnte* bedeuten, daß das Archiv nichts über die Almas enthält, wahrscheinlich aber ist, daß Rinchen aus einer antirussischen Haltung heraus geschwiegen hat. Fest steht jedoch in jedem Fall, daß selbst Rinchen nicht das gesamte Archivmaterial auswerten konnte, denn in seiner Liste stehen nur vage Angaben wie »Manuskript in mongolischer Sprache«, ohne irgendwelche Erläuterungen. Das Material umfaßt Zhamtsaranos Tagebücher und Aufzeichnungen aus den zwanziger Jahren, aus der Zeit also, in der er seine große Almas-Karte und -Bestandsaufnahme erarbeitete, und es ist sicher von unschätzbarem Wert. Doch bis heute gehen alle davon aus, daß es, wie so vieles andere ältere Material, einfach verschollen ist.

Ein damaliges Expeditionsmitglied, Dordyi Meiren, hat einige Forschungsergebnisse festgehalten, und diese fragmentarischen Aufzeichnungen sind alles, was uns derzeit zugänglich ist. Meiren, der in der Gobi-Region lebte und Mitglied der Akademie der Wissenschaften war, vermerkte, daß in der Zeit von 1807 bis 1867 Almas-Sichtungen aus Khalkha, aus der Galbin-Gobi und der Dzakh-Soudjin-Gobi sowie aus der Inneren Mongolei registriert worden sind. Sie stammten besonders oft aus der Gourban-Bogdin-Gobi, der Chardzyn-Gobi, der Alatschan-Wüste (wo Rinchen Berichte aus neuerer Zeit aufzeichnete) und aus zahlreichen anderen Gegenden. Nach Meirens Aussage hat die Zahl der Almas von 1867 bis 1927 drastisch abgenommen, und danach scheinen sie nahezu vollständig verschwunden zu sein, außer in der Provinz Khovd und in der südlichen Gobi. Selbst die mongolischen Jäger meinten, daß die Almas sehr selten geworden seien. Meiren erklärte, er habe 1937 ein Almas-Fell in einem Gobi-Kloster gesehen. Die Haare waren rötlich und gekräuselt, und das Fell war nach dem Tode durch einen Schnitt längs des Rückgrats präpariert worden, so daß Brust und Gesicht erhalten blieben. Das Gesicht war unbehaart bis auf die Augenbrauen, und der Kopf wies noch immer sein langes, unordentliches Haar auf. Die Finger und Zehen waren gut erhalten, und die Nägel hatten große Ähnlichkeit mit menschlichen Nägeln.

Die Zhamtsarano-Geschichte ist damit noch nicht zu Ende, denn dem Professor wurde die Ehre zuteil, in einem Roman verewigt zu werden – dem ersten Science-Fiction-Roman über dieses Thema. Er erhielt von seinem Autor M. Rosenfeld den Titel *The Ravine of Almas* (Die Schlucht der Almas), erschien 1936 auf englisch und wurde 1937 von V. A. Schneiderow ins Russische übersetzt.[15] Derselbe Schriftsteller veröffentlichte 1930 außerdem auf russisch das Reisebuch *Eine Autofahrt durch die Mongolei,* in dem er viele Almas-Geschichten unter Berufung auf Professor Baradyine verarbeitete.

Die Almas-Beschreibungen, die angeblich aus den verschiedenen Archiven stammen, weisen nur geringe regionale Abweichungen auf. Die Körpergröße

47 Mongolen melken Stuten in der Provinz Gobi-Altai. Diese Nomaden berichten immer wieder von Almas-Sichtungen.

dieser Wesen entspricht der eines modernen Mongolen (etwa 1,60 bis 1,70 cm), doch die Almas wirken kleiner, weil sie vielfach mit halb eingeknickten Knien gehen. Die Kiefer sind massig, das Kinn weicht zurück, die Augenbrauenwülste sind kräftiger ausgeprägt als bei den Mongolen, und die Frauen besitzen lang herabhängende Brüste, die sie, wenn sie auf dem Boden hocken, über die Schulter werfen können, um das auf dem Rücken angeklammerte Kind zu säugen. Diese langen Brüste hat auch Iwlow in den neueren Sichtmeldungen vermerkt (1963), die am Anfang dieses Kapitels wiedergegeben wurden.

In einigen Berichten heißt es, daß die Füße der Geschöpfe leicht nach innen gebogen sind, und andere Zeugen haben zu Protokoll gegeben, daß die Almas sehr schnell laufen können und die Kunst des Feuermachens nicht beherrschen. Häufig werden sie außerdem als vorwiegend nachtaktiv, scheu, unag-

gressiv und ungesellig beschrieben. Sie verzehren sowohl pflanzliche als auch tierische Kost, vor allem kleine Säugetiere. Sie besitzen keine artikulierte Sprache und können offenbar nur ein paar wortähnliche Laute von sich geben. Ein Bericht, der sich wohl auf ein Ereignis aus dem 19. Jahrhundert bezieht, schildert, wie einige Almas von einem zeitweilig verlassenen Lager Besitz ergriffen, sich am Feuer wärmten und getrocknete Früchte plünderten. Sie rührten die Weinbehälter nicht an und dachten auch nicht daran, neues Brennholz nachzulegen, als das Feuer zu erlöschen drohte. Außerdem zeigten sie nicht die mindeste Angriffslust, als die Besitzer des Lagers zurückkehrten, sondern zogen sich widerstandslos zurück.

Eine andere Geschichte, die ebenfalls von Iwlow aufgezeichnet wurde, ist sehr viel aufregender als seine eigenen Erlebnisse, aber leider auch sehr zweifelhaft. Sie wurde ihm als großes Geheimnis von einem Dorfschullehrer anvertraut, den zwei Almas-Frauen während einer Bergtour entführten und zu einer Gruppe dieser Geschöpfe brachten, welche in einer Berghöhle hausten. Er wurde von ihnen gründlich inspiziert, und ihre besondere Neugier galt seinen Kleidern und seiner Ausrüstung. Man tat ihm jedoch nichts zuleide. Die Almas gaben ihm etwas zu essen, unter anderem den Kadaver eines Steinbocks, den sie mit scharfkantigen Steinen zerlegten. Der Lehrer berichtete, er habe seine Portion über einem Feuer geröstet, das er mit Hilfe eines Brennglases entzünden konnte, aber seine »Gastgeber« hätten ihr Fleisch roh gegessen. Er blieb ungefähr zwei Wochen bei ihnen. Dann verloren sie das Interesse an ihm, und er konnte fliehen.

Es wäre schön, wenn man diese Geschichte glauben könnte, die einen der wenigen Hinweise auf den Werkzeuggebrauch der Almas enthält. Für mein Gefühl ist sie aber dadurch suspekt, daß sie von einem Lehrer erzählt worden ist, einem Mann also, der vermutlich aus Büchern wußte, daß die Hominiden Werkzeuge gebrauchten. Dies ist jedenfalls entweder der wichtigste Almas-Bericht überhaupt oder aber ein ausgemachter Schwindel. Auffällig sind allerdings die Parallelen zu der angeblichen Entführung von Albert Ostman durch einen Sasquatch (vgl. Kapitel 2), und das offensichtliche Widerstreben, mit dem der Mann seine Geschichte erzählte.

Rinchen trug die frühen Berichte zusammen und stellte fest, daß in der Gobi sowohl männliche als auch weibliche Almas beobachtet worden sind. Kleine Kinder hat man ebenfalls gesichtet, manchmal allein und manchmal mit ihren Müttern, was darauf hindeutet, daß die Populationen groß genug waren, um zu überleben und sich fortzupflanzen. Die ersten ausländischen Jäger machten sich einen Spaß daraus, auf Almas zu schießen, die nicht wegliefen, doch dieser »Sport« wurde von den Einheimischen unterbunden. Es gab sogar einen Ort namens *Almasin dobo* (Almas-Friedhof) in der Gegend, wo sich solche Zwischenfälle abgespielt hatten.

Eine von Rinchens wichtigsten Schlußfolgerungen lautet, daß die Vorkom-

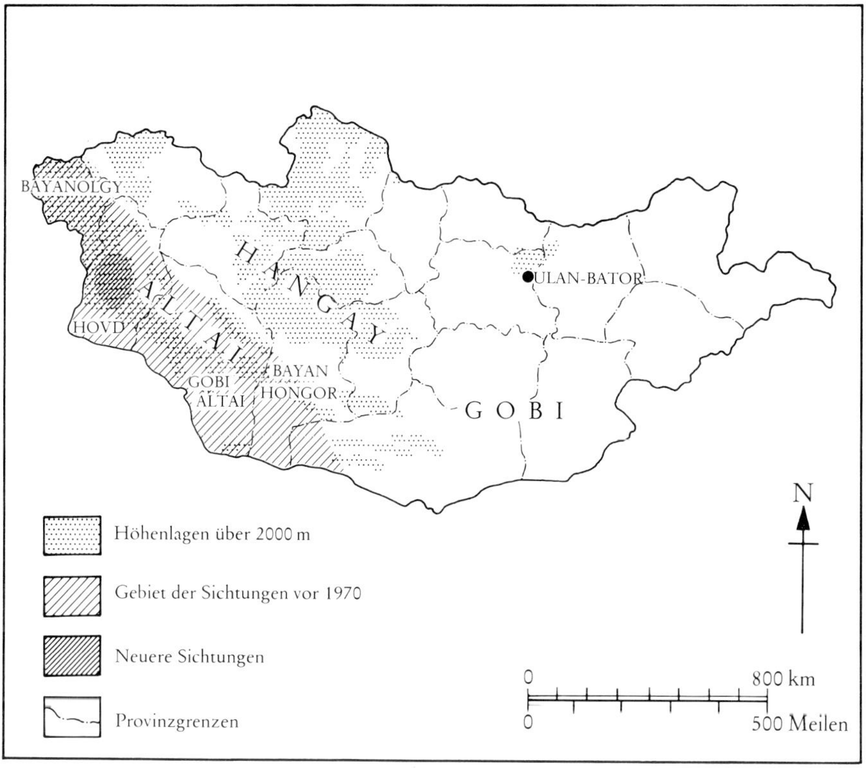

8 Neuere Almas-Sichtungen in der Äußeren Mongolei.

mensgebiete der Almas im Laufe der Zeit stetig geschrumpft sind, und zwar infolge der zunehmenden Übergriffe des Menschen und der Erschließung einiger mongolischen Regionen durch die Transmongolische Eisenbahn, die Peking mit dem russischen Irkutsk verbindet. Aus denselben Gründen gehen nachweislich auch die Bestände der Wildpferde und Wildkamele zurück, die eine deutliche Tendenz zeigen, in die entlegeneren westlichen Gebiete auszuweichen.[16] Rinchen schätzt, daß sich der heutige Verbreitungsraum der Almas auf ein etwa 1 000 km² großes Areal in der abgeschiedenen Gebirgslandschaft im Grenzgebiet der Provinzen Hovd und Bayanolgy beschränkt,[17] das reich an eßbaren Wurzeln und Früchten ist und noch immer den natürlichen Lebensraum der Mufflons, Steinböcke und Schneeleoparden bildet.
1962 verbrachte ein gewisser Damdin vom Staatlichen Museum in Ulan Bator mehrere Monate in dieser Gegend. Er brachte so viele Informationen mit, daß eine zweite Expedition im Jahre 1963 gerechtfertigt erschien. Er nahm in dieser Zeit zahlreiche Augenzeugenberichte auf, die von den verschiedensten Gewährsleuten stammten: von Mitgliedern ländlicher Kooperativen, Jägern, Studenten, Lehrern und Offizieren. Die nachstehende, wortgetreu übersetzte

Geschichte wurde von dem torgutischen Mongolen Choijoa erzählt, der aus Sinkiang gekommen war und in der Obstzucht-Versuchsanstalt der Mongolischen Akademie der Wissenschaften in Bulgan arbeitete.[18]

»Es passierte gegen zehn Uhr am 26. Juni 1953. Ich erinnere mich noch genau an die Stunde, den Tag und den Monat, weil dieses Ereignis mich aufs höchste überraschte und sich meinem Herzen tief eingeprägt hat.

Im Morgengrauen jenes Tages machte ich mich auf die Suche nach meinen verirrten Kamelen und ging auf den sogenannten Roten Almas-Berg zu. Es war ein schöner, sonniger Morgen, als ich die Schluchten erreichte. Im Wind lag der Duft von Bergblumen und Kräutern, aber ich hatte es eilig, denn ich wollte noch vor der Mittagshitze dieses Labyrinth von Cañons und Schluchten verlassen. Mein Kamel stieg in einem Hohlweg auf und ab. Plötzlich erblickte ich im Winkel einer abgelegenen Schlucht unter zwei kleinen Ammodendronbüschen etwas, was die Farbe eines Kamels hatte. Ich trat näher und sah die behaarte Leiche eines kräftigen menschenähnlichen Wesens, die verdorrt und halb von Sand zugedeckt war. Ich hatte noch nie so ein menschenähnliches Geschöpf mit kurzem kamelfarbenen bräunlich-gelbem Haar gesehen und schrak zurück, obwohl ich in meinem Heimatland Sinkiang schon viele tote Männer, die im Kampf gefallen waren, gesehen hatte. Was war dieser seltsame Tote – ein Mensch oder ein Tier? Ich beschloß, zurückzukehren und ihn gründlicher zu untersuchen. Ich näherte mich ihm abermals und blickte von meinem Kamel aus auf ihn hinab. Der Tote war weder ein Bär noch ein Affe und auch kein Mensch wie ein Mongole oder Kasache oder ein Chinese oder Russe. Die Haare auf seinem Kopf waren länger als die auf dem Körper. Die Haut in der Leistengegend und den Achselhöhlen war dunkel und verschrumpelt wie die Haut eines toten Kamels.

Ich habe auch das Gelände in der Nähe des Leichnams untersucht, aber keinerlei Reste oder Spuren gefunden. Angst ergriff mein Herz. Ich erinnerte mich an die alten Sagen von den Vetala-Vampiren und dachte, ich hätte so ein Wesen vor mir. Und dann eilte ich davon. Daheim angekommen, informierte ich unsere Ortsverwaltung und Herrn Chimeddorje, den Geschäftsführer der Obstzuchtanstalt, aber niemand schenkte meinem Bericht Beachtung. Erst zehn Jahre später erfuhr ich von einem Mann, der eigens aus Ulan Bator gekommen war, um die Almas zu erforschen, daß die fragliche Leiche einen großen wissenschaftlichen Wert habe – soweit die Aussage von Herrn Choijoa.«

Verläßliche Almas-Berichte werden auch weiterhin registriert. In einer 1980 erschienenen Ausgabe der illustrierten Zweimonatsschrift *Mongolia,* die auf englisch gedruckt wird, aber nur sehr selten im Westen auftaucht, stand ein (anonymer) Artikel mit dem Titel »Neues über den Schneemenschen«, in dem Almas-Sichtungen aus den frühen siebziger Jahren besprochen wurden. Die interessantesten Erkenntnisse, die man aus diesem kurzen Beitrag gewinnt, sind erstens die Prägung eines neuen Namens, *hun gurees* (»Mensch-Tier«), und zweitens die Feststellung, daß die Verbreitungsgebiete inzwischen sehr klein geworden sind und sich auf winzige Areale in den Provinzen Hovd und Bayanolgy beschränken (Abb. 48), wodurch Rinchens düstere Prognose von 1964 bestätigt wird. Ein Hinweis auf den bemerkenswerten Umstand, daß Augenzeugen die Almas gewöhnlich in *Gruppen* gesehen haben wollen, ist hier ebenfalls wichtig, zumal diese Information angeblich von Mitarbeitern der Mongolischen Akademie der Wissenschaften ermittelt wurde und somit zuverlässig sein dürfte.

Die transaltaischen Steppen (Dsungarei, Abb. 40) werden ebenfalls als Gebiete mit früheren Almas-Sichtungen genannt, aber detaillierter sind die Berichte von 16 Personen aus der Provinz Bayanolgy dargestellt, die mit Almas zusammengetroffen sind. Ein Mann (Ravjir) behauptet, er habe nach einer 18monatigen Suche am 15. Dezember 1973 Almas-Spuren im Schnee entdeckt und sei zusammen mit zwei Viehzüchtern aus der Gegend der Fährte am ersten Tag fast 20 km und am zweiten Tag ungefähr 8 km gefolgt, bis sie sich in den Yolt-Bergen verloren habe. Am 13. Februar 1974 erblickte ein anderer Mann, der Schafhirt Musai, einen Almas in den Asgat-Bergen. Die wiedergegebenen Beschreibungen sind ziemlich einheitlich, wenn auch sprachlich etwas unbeholfen:

». . . halb Mensch und halb Tier mit rötlich-schwarzem Haar. Ihr Gesicht ist unbehaart und der Bauch nur spärlich mit Haaren bedeckt. Der Hinterkopf ist mehr oder weniger kegelförmig, die Stirn abgeflacht, die Brauenwülste sind kräftig ausgebildet, und der Unterkiefer steht vor. Der Almas hat die Größe eines mittelgroßen Mannes und geht mit eingeknickten Knien, vornübergebeugt und mit einwärts gekehrten Fußspitzen. Er hat breite Schultern und lange Arme; seine große Zehe steht ab. Die Almas sind schreckhaft, argwöhnisch, aber nicht aggressiv und führen ein nächtliches Leben. Keiner hat sie jemals sprechen hören. Sie wurden gewöhnlich in der Morgen- und Abenddämmerung gesehen, und es heißt, sie ernähren sich von Wurzeln, Gras und anderer Pflanzenkost. Sie ziehen es vor, sich fern von allen Menschen aufzuhalten, zum Beispiel im Gebirge. Aus einem unbekannten Grund suchen sie die Nähe von Wildschafen und Wildziegen. Im Sommer, wenn die Rinder von ihren winterlichen Bergweiden zu entfernteren Weideflächen getrieben werden, wird ihr Platz von den Wildschafen und Wildziegen eingenommen, und dann tauchen die Almas in der Regel auf. Viehzüchter sind einmal einem Paar und einmal einem Almas-Baby begegnet.«

Dieser faszinierende Bericht bestätigt weitgehend das ältere Belegmaterial. Der Zusammenhang zwischen dem Lebensraum der Almas und dem Verbreitungsgebiet der Wildziegen und -schafe läßt sich vielleicht dadurch erklären, daß die Wildmenschen diese jagen. Dies wird erhärtet, wenn man der Aussage des Lehrers, daß die Almas Steinböcke schlachten (siehe oben), Glauben schenkt.

1979 konnte ich die Äußere Mongolei besuchen und selbst den Geschichten über die Almas und der Frage nach ihrer möglichen Verbindung mit dem Neandertaler nachgehen. Doch bevor ich die Ergebnisse meiner Bestandsaufnahme wiedergebe, sollten wir uns mit den Berichten über Almas-Sichtungen und sonstige Wildmenschen aus anderen Regionen beschäftigen – aus dem Kaukasus, dem Pamir und aus Sibirien.

VI.
BERICHTE
AUS DEM KAUKASUS

Die Wildmenschen des Kaukasus, vor allem in Teilen der Hauptkette, die Aserbeidschan, Georgien und Daghestan miteinander verbindet, sind in den letzten 100 Jahren vereinzelt beobachtet und in den letzten 20 Jahren systematisch erforscht worden. Die kaukasischen Berichte schildern Hominiden, die sich mit Gesten verständigen und offensichtlich sogar Tauschhandel mit den dort lebenden Menschen treiben; sie spielen in Märchen und Fabeln keine Rolle, denn sie gelten als ein handfester Bestandteil der heimischen Fauna. Man könnte sie mit guten Gründen als westliche »Ausläufer« der mongolischen Almas auffassen, mit denen sie vieles gemeinsam haben und deren Namen ich deshalb auch für sie benutzen werde.

Andere Namen sind unter anderem Biaban-guli und Kaptar. Der erstere taucht im ersten Bericht über diese Lebewesen auf, der von einem Wissenschaftler stammt, nämlich von dem Zoologen K.A. Satunin, der 1899 in den Talysch-Bergen des Südkaukasus durch Zufall mit einem weiblichen Biabanguli zusammentraf.[1] Die Beschreibung dieser Begegnung, die in der Abenddämmerung stattfand, ist, abgesehen von dem Umstand, daß Professor Satunin konstatiert, die Gestalt habe sich »vollkommen menschlich bewegt«, ziemlich vage. Und im übrigen befand er sich nicht gerade in einer Stimmung, die für Geistererscheinungen günstig gewesen wäre.

»Meine Stimmung vor jenem seltsamen Erlebnis war ausgesprochen prosaisch. Ich hatte mir selbst Vorwürfe wegen meiner Unbesonnenheit gemacht und meine Führer gerügt, weil sie eine Vorliebe dafür hatten, abseits der Straße wer weiß wohin zu marschieren. Am meisten ärgerte mich jedoch, daß ich mir meine Lederjacke im Dickicht zerrissen hatte. Und ich war in einer so düsteren Gemütsverfassung, daß von einer Halluzination schwerlich die Rede sein kann. Überdies hatten auch das Pferd und meine Gefährten zweifellos irgend etwas bemerkt. Aber es war unmöglich, das Problem auf der Stelle zu klären. Wir waren kurz zuvor in ein dichtes und schlammiges Dickicht geraten, aus dem wir uns nur mit Mühe und Not herausarbeiten konnten, und hatten soeben ganz erschöpft das Dorf erreicht.«

Nach einem üppigen Mahl (Kaviar und Hühnerpilaw) hörte der wackere Professor seinen Gastgebern zu, die sich über Wildmenschen unterhielten. Ein Mann vertrat die Meinung, wilde *Männer* kämen im Kaukasus und in Georgien nicht mehr vor; es seien nur noch ein paar Weiber übriggeblieben, und eine davon sei die Gestalt gewesen, der man unterwegs begegnet sei. Doch andere (unverkennbar Leute mit größerem biologischem Sachverstand) behaupteten, es gäbe noch immer wilde Männer *und* Frauen. Verschiedene verblüffende Geschichten folgten, unter anderem die eines Mannes, der ein Zusammentreffen mit einem ungewöhnlich großen und stark behaarten Wildmenschen schilderte, der Fußspuren von 2 Quart und 4 Fingern Länge hinterlassen habe (ca. 38 cm). Derselbe behaarte Mann war offenbar auf Jagdausflügen noch zweimal gesichtet worden. Doch dann wurden die Geschichten und die

Wildmenschen immer imposanter, da es schon spät am Abend war. Alle Anwesenden stimmten jedoch darin überein, daß irgendwelche wilden Leute im Kaukasus lebten und Biban-guli genannt wurden. Viele Berichte über sie erschienen später, während des Ersten Weltkriegs. In diesen wurden auch die unverwechselbaren Rufe der Wildmenschen beschrieben.

Der zweite Name, Kaptar, ist durch I. Mereschinski populär geworden, einen Dozenten an der ethnographischen und anthropologischen Fakultät der Universität Kiew, der in den fünfziger Jahren in Aserbeidschan im nördlichen Kaukasus gearbeitet hat. Ein einheimischer Experte für nächtliche Schwarzwildjagd, ein gewisser Khadzhi Magoma, versprach ihm, ihn zu einer Stelle zu führen, wo zu einer bestimmten Jahreszeit der Kaptar regelmäßig in einem Bach badete. Mereschinski sollte dafür eine Blitzlichtaufnahme von der Szene machen und seinem Führer einen Abzug überlassen. Eine kleine Population albinotischer Kaptare lebte angeblich in dieser Gegend, und tatsächlich sah Mereschinski ein solches Geschöpf aus einer Entfernung von nur wenigen Metern. Er konnte es durch das am Ufer wachsende Buschwerk deutlich erkennen: Es war naß, hager und von Kopf bis Fuß mit weißen Haaren bedeckt. Leider verlor Mereschinski angesichts der tatsächlichen Existenz dieses Lebewesens den Kopf und feuerte, anstatt zu fotografieren, seinen Revolver ab, wobei er aber in der Aufregung sein Ziel verfehlte. Der alte Jäger war über diese Täuschung so empört, daß er sich weigerte, das Experiment zu wiederholen.[2]

Mereschinski war freilich auf den Anblick nicht unvorbereitet gewesen, denn er hatte im Laufe seiner ethnographischen Untersuchungen die einheimische Bevölkerung schon öfter von solchen Hominiden erzählen hören. Forscher, die in neuester Zeit in der Region tätig waren – allen voran John Colarusso, der sich mit den Dialekten des nordwestlichen Kaukasus beschäftigt , berichten von zahlreichen Sichtungen dieser Geschöpfe, die als »halb Mensch und halb Tier« beschrieben werden und in den dichten Bergwäldern zu Hause sind.[3]

Colarusso trug ethnographisches Belegmaterial über die Einstellung der Kaukasier zu ihren Wildmenschen zusammen. Einer seiner Informanten, Adnan Saygili, erzählte ihm von einem Jagdausflug in die Berge der östlichen Türkei, den er mit seinem Vater unternommen hatte, und er erinnerte sich, daß der Vater ihn dabei mit verschiedenen Tierfährten vertraut machen wollte. Er zeichnete auf den Boden einen Umriß, der einem menschlichen Fußabdruck ähnelte, und erklärte, das sei die Spur des »Bergwaldmannes«, der in der Türkei nicht vorkomme, wohl aber im heimischen Kaukasus. Das Geschöpf sei anscheinend nicht gefährlich, könne sich aber zur Wehr setzen, wenn es von einem einsamen Jäger im dichten Gebüsch überrascht werde. Der Fußabdruck war breiter als der eines Mannes, doch unverkennbar menschlich.

Die Jäger des Kaukasus wissen offensichtlich recht gut Bescheid über diese

Geschöpfe, die zu selten sind, um den Bauern lästig zu werden, und auch für die Jäger selbst kaum eine Gefahr darstellen. Sie sind angeblich gedrungen, nur etwa 1,50 m groß, mit bräunlichem Haar bedeckt und mit einem häßlichen, vorstehenden Gesicht ausgestattet; zugleich sind sie sehr behende und kräftig, und sie gehen stets aufrecht wie ein Mensch. Doch nicht alle werden als stark behaart beschrieben, und sie hausen in den dichten Wäldern der Berghänge und Täler und steigen gelegentlich zu den Dörfern herab, um die Getreidefelder zu plündern.

Besonders ungewöhnlich ist Saygilis Behauptung, manche Kaukasier hätten großes Ansehen dadurch erlangt, daß sie mit den Geschöpfen Handel trieben. Einige Gebiete, so erzählte er, waren als Schlupfwinkel der Wildmenschen allgemein bekannt, und die Händler begaben sich in kleinen Gruppen dorthin und kampierten mit ihren Tauschwaren (»Tand«) auf dem Erdboden. Nach ein oder zwei Tagen erschien dann ein Wildmensch am Rande der Lichtung, der seinen Körper halb hinter einem Baumstamm verbarg. Er schien stets der Anführer der Horde zu sein, und sein Auftritt war das Signal zur Kontaktaufnahme. Bei dem anschließenden schlichten Handel wurde der »Tand« gegen »Grünzeug und ähnliches« von geringem Wert eingetauscht. Die Wildmenschen bedienten sich dabei einer reichen Gebärdensprache und versuchten auch die kaukasischen Dialekte der Handelspartner zu imitieren. Es soll übrigens vorgekommen sein, daß dieselben Wildmenschen ihre Partner auf dem Hinweg (mit dem Tand) oder auf dem Rückweg (mit dem Grünzeug) angriffen, aber normalerweise waren sie nicht aggressiv, wohl aber sehr verschlagen. Geschichten über die Wildmenschen kursieren in der gesamten Region, und Namen für diese Lebewesen sind in der Sprachfamilie weit verbreitet. Überall werden Begriffe verwendet, die entweder »Bergmensch« oder »Bergwaldmensch« bedeuten. Die Wildmenschenkunde ist hauptsächlich den Jägern und Bauern in entlegeneren Gegenden vertraut, hat aber keinen Eingang in die Märchen gefunden. Es herrscht allgemeine Übereinstimmung, was die Größe, die äußere Erscheinung und den Lebensraum der Wildmenschen angeht, und sie gelten durchweg als Hominiden. Ihre Verständigungsweise, also die Gebärdensprache und der Versuch, tscherkessische Laute nachzuahmen, ist besonders aufschlußreich im Hinblick auf das, was im 9. Kapitel über das reduzierte Sprachvermögen des Neandertalers ausgeführt wird. Das Tscherkessische und die ihm verwandten Sprachen sind außergewöhnlich kompliziert (das Westtscherkessische hat 68 und das Ubychische 81 Konsonanten), und so ist es nicht verwunderlich, daß es außerordentliche Mühe macht, diese Sprachen zu erlernen.

Die Kaukasier scheinen genau zu unterscheiden zwischen den Wildmenschen,

49 Das Dorf Chegem im Kaukasus. Solche Dörfer sind fast vollständig von der Außenwelt abgeschnitten, und ihre Bewohner kommen häufig mit Almas in Berührung.

die für sie lediglich ein unbedeutender Bestandteil der heimatlichen Fauna sind, und den behaarten Riesen, wie sie vereinzelt in Fabeln und Sagen auftauchen. Hin und wieder werden allerdings größere Geschöpfe beobachtet, und es existiert ein Bericht von zwei Russen, die 1967 den Kaukasus besuchten und dort 3 m große Riesengestalten sahen.[4] Man könnte dies als eine Folge übermäßigen Wodkagenusses abtun, aber die Begegnung fand sehr hoch in den Schneefeldern der Berge und am hellen Tage statt. Es ist nicht ausgeschlossen, daß es sich um Yetis von der Art handelte, die im Pamir beheimatet ist (vgl. Kapitel 7), denn ihr Lebensraum ist völlig verschieden von dem der kleinen, menschenähnlichen kaukasischen Almas, von denen hier die Rede ist.

Sehr berühmt geworden ist die Geschichte eines Almas, der im Kaukasus gefangen wurde. Es handelte sich dabei um eine Frau, die den Namen Zana erhielt und in dem Dorf Tchina am Fluß Mokvi lebte und »domestiziert« wurde. Die Menschen des Kaukasus sind von sprichwörtlicher Langlebigkeit, und so konnte Porschnew selbst noch Augenzeugen befragen, die als kleine Kinder an Zanas Beerdigung in den achtziger Jahren des vorigen Jahrhunderts teilgenommen hatten. Es scheint, daß sie in den Wäldern des Berges Zaadan eingefangen und zunächst in einem steinernen Gehege gehalten worden ist. Nach drei Jahren übersiedelte sie in einen Holzkäfig und dann in ein Haus. Ihre

50 Dr. Sch. I. Kofman, die russische Wildmenschen-Expertin, die seit mehr als zwanzig Jahren den Kaukasus durchforscht.

Haut war grauschwarz und bedeckt mit rötlichem Haar, das auf dem Kopf länger war als am übrigen Körper. Sie konnte unartikulierte Rufe ausstoßen, lernte aber nie sprechen. Sie hatte ein großes Gesicht mit kräftigen Backenknochen, schnauzenförmige prognathische Kiefer und stark ausgeprägte Augenbrauen, große weiße Zähne und einen »stolzen, wilden Gesichtsausdruck«. Anscheinend konnte sie so schnell laufen wie ein Pferd.

Bald schon begann sie sich der Wachhunde mit einem Zweig zu erwehren, und sie lernte Steine zu bearbeiten, indem sie sie gegeneinander schlug. Bezeichnenderweise entdeckte der russische Professor A. A. Maschowtsew später auf dem Berg, auf dem Zana gelebt hatte, eine Feuersteinspitze des Neandertaltyps. Leider wissen wir jedoch nicht, ob sie von Zana selbst hergestellt worden ist. Die Almas-Frau führte mehr oder weniger das Leben einer Sklavin und befolgte einfache Anweisungen, die man ihr mit Worten oder mit Gesten gab, und sie aß offensichtlich alles, was man ihr vorsetzte, besonders gern jedoch Fleisch. Schließlich wurde sie von einem ihrer Wärter geschwängert, aber ihr erstes Kind starb. Danach wurde sie noch viermal schwanger und gebar zwei Söhne und zwei Töchter, deren Nachkommen noch immer im Dorf leben.

1964 besuchte Porschnew zwei von Zanas Enkeln in der Stadt Tkvartcheli, wo sie in einem Bergwerk arbeiteten. Viele Einheimische konnten sich noch an deren Eltern erinnern und sie eingehend beschreiben. Sie erwähnten insbesondere die kraftvolle Gestalt, die ziemlich dunkle Haut und das ganz und gar menschliche Aussehen. Der jüngste Sohn, Khvit, starb im Alter von 65 bis 70 Jahren; er hatte krauses Haar, vorstehende Lippen, einen verhältnismäßig kleinen Kopf und Körper sowie eine kräftige Stimme. Er war zweimal verheiratet und hinterließ drei Kinder. Die Tochter Gamassa war nachweislich doppelt so stark wie eine durchschnittliche Frau und hatte eine dunkle, behaarte Haut. Auch sie wurde mehr als 60 Jahre alt. Die Enkel Chalikoua und Taia hatten ebenfalls eine ziemlich dunkle Haut, die ihnen ein negroides Aussehen verlieh, ferner sehr stark entwickelte Kaumuskeln und ungewöhnlich kräftige Kiefer. Sie besaßen zudem die merkwürdige Begabung, sämtliche Tierstimmen nachahmen zu können.

Zanas Grab soll 1965 geöffnet worden sein, aber es besteht der Verdacht, daß die Exhumierung nicht an der richtigen Stelle stattfand, so daß uns kein einwandfreier anthropologischer Bericht über ihr Skelett zur Verfügung steht. Was wir haben, sind lediglich die Augenzeugen und Zanas lebende Nachkommen. Wenn Zana tatsächlich ein Hominide war, wie behauptet wird, dann gehörte sie einer Art an, die sich mit Jetztmenschen fruchtbar fortpflanzen kann, das heißt, sie war ein Mitglied der Spezies *Homo sapiens,* deren einziger bekannter Vertreter neben uns Menschen der Neandertaler *(Homo sapiens neanderthalensis)* ist. Zu Zanas Zeiten hielten sie alle für eine Almas-Frau, und wenn der Verdacht aufgekommen wäre, daß sie ein verwildertes Kind gewe-

sen sei, dann hätte sich sicherlich irgend jemand in diesem Sinne geäußert. In diesem Fall scheint also eine sehr enge Verbindung zwischen Almas und Neandertaler zu bestehen.
Die Zana-Geschichte ist nur die Spitze eines Eisbergs. Zahlreiche hervorragende sowjetische Wissenschaftler haben inzwischen im Kaukasus an der Lösung dieses Problems gearbeitet. Es begann 1959/60 mit einer Expedition, an der sich I. Mereschinski (siehe oben), Professor A. A. Maschkowtsew und S. M. Lukomski beteiligten. Am engsten mit diesen Forschungen verknüpft ist jedoch der Name Dr. Sch. I. Kofman. Die Ärztin, Anatomin und Bergsteigerin betreibt seit 1960 Feldstudien im Kaukasus. Dr. Kofman (ihr Vorname wird häufig mit Marie-Jeanne angegeben und ihr Nachname in der westlichen Literatur fälschlich Koffman geschrieben) war eine Nachfolgerin von Boris Porschnew. Sie wurde in Frankreich geboren, wanderte aber 1935 nach Rußland aus. Sie ist nicht nur eine ausgezeichnete Medizinerin, sondern auch eine berühmte Alpinistin und nahm an der Pamir-Expedition von 1958 teil (vgl. Kapitel 7). Im Krieg befehligte sie ein Gebirgsjägerbataillon und erhielt mehrere sowjetische Militärorden.
Niemand käme auf den Gedanken, die Zuverlässigkeit der Ergebnisse ihrer Almas-Forschungen anzuzweifeln.[5] Ihre ersten Untersuchungen führte sie im nördlichen Aserbeidschan durch, später konzentrierte sie sich auf das Gebiet Kabardino-Balkaria. Bisher hat sie nur relativ wenig veröffentlicht.[6] Zunächst führte sie mit modernen Methoden eine Befragung der Bevölkerung durch, um einen »Steckbrief« der Almas zu erstellen, an die sie fest glaubt und die sie öffentlich als Neandertaler-Relikte bezeichnet hat. Von den Interviews, die sie machte, verwarf sie 30 Prozent als unzuverlässig, aber aus den übrigen ergab sich ein überzeugendes Gesamtbild, das sich aus Beiträgen von Leuten unterschiedlicher Herkunft zusammensetzte. Sie teilte ihren Befund im März 1966 der Russischen Geographischen Gesellschaft in Moskau mit, und zwar mit folgenden Worten: »Stirn niedrig, schmal und fliehend, Nase klein und flach wie eingekniffen, das zurückweichende Kinn rund und schwer, Backenknochen hoch und von mongolischem Typ.« Dieser Beschreibung fügte sie eine danach angefertigte Zeichnung bei, die einen typischen Neandertalerkopf zeigt.
Die Bestandsaufnahme erbrachte außerdem zwei Fundstätten, an denen Almas pflanzliche Nahrungsvorräte aufgehäuft hatten, und in dem Dorf Batekh in der Region Zolsk die Sichtung eines Almas-Mädchens, das 30 verschiedene Augenzeugen unabhängig voneinander gesehen hatten. Das Mädchen hatte offensichtlich auf einem Feld nach den süßesten Maiskolben gesucht und Gebißabdrücke auf den weggeworfenen Kolben hinterlassen.
Dr. Kofman setzt derzeit ihre Arbeit im nördlichen Kaukasus fort, wo alle ge-

51 Dr. Kofman nimmt einen Gipsabguß von einer Almas-Fußspur im Kaukasus (1981).

meldeten Hominiden Menschengröße haben. 1978 sickerte durch, daß sie eine gute Fährte entdeckt, fotografiert und abgegossen habe. Ein jüngeres Foto ist umseitig abgebildet, und der junge Anatom Andrei Koslow hat damit begonnen, die Anatomie der Almas aufgrund der Fußspuren zu rekonstruieren. Der bisher letzte Bericht aus dieser Region, der allerdings von Aleksandra Burtsewa[7] registriert wurde, stammt von zwei in der Gegend heimischen Halbwüchsigen, die im Juli 1980 in einer offenen Landschaft, knapp 500 m von der Autobahn Nalchik–Piatigorsk entfernt, Gras mähten. Durch das Gelände verläuft eine erhöht angelegte Wasserrinne, in der sich die jungen Leute von Zeit zu Zeit erfrischten. Als sie zwischendurch einmal zu diesem Kanal hinüberblickten, sahen sie eine behaarte Gestalt, nur wenig größer als sie selbst, die am Rande des Wasserlaufs stand und sie betrachtete.
Die überraschten Jungen blieben reglos stehen, während das seltsame Geschöpf allerlei Possen aufführte: Es rannte auf der Kanalböschung hin und her, sprang hinunter, schlug Purzelbäume usw. Es benahm sich also kaum anders als die verspielten Almas in der Mongolei. Die Jungen hatten den Eindruck, daß das fremde Wesen sie zum Mitmachen auffordern wollte, aber sie fürchteten sich, und nach einer Weile wandte sich der Almas offensichtlich enttäuscht ab und verschwand in einem nahen Hanffeld. Die Burschen gingen nach Hause und erzählten die Geschichte ihren Müttern, die keineswegs erstaunt waren und übereinstimmend erklärten, es müsse sich um einen jungen Almas gehandelt haben. Der Vorfall ereignete sich um die Mittagszeit und wäre auch von der Autobahn aus gut zu sehen gewesen, die häufig von Touristen aus ganz Europa und Amerika befahren wird.
Weitere Sichtungen neueren Datums wurden aus der Gegend am Fluß Chegem gemeldet. Im Mai und September 1979 erblickten ein Mann und sein Bruder, die zum Holzfällen gekommen waren, aus einer Entfernung von etwa 20 m ein menschenartiges Lebewesen. Es war ungefähr so groß wie die Männer selbst, trug ein dunkles Haarkleid und hatte langes Kopfhaar, kräftige Schultern, dünne Arme sowie lange Hände mit langen Fingern und Nägeln. Die Haut war braun und die Innenfläche der Hände unbehaart. Besonders fiel den Männern auf, daß die Stirn über die Augen vorstand wie eine spitz zulaufende Kappe und daß das Geschöpf Schlitzaugen und eine Adlernase besaß.[8] Das alles klingt sehr nach Neandertaler (vgl. Kapitel 9). Die September-Sichtung fand an derselben Stelle gegen Mittag statt, und diesmal war der Hominide noch näher; er lag, nur ungefähr 10 m entfernt, deutlich sichtbar auf der rechten Seite im Gras. Der Rücken war mit Ausnahme des Gesäßes vollständig mit Haaren überzogen und die Haut braun. Einer der Männer wollte auf das Geschöpf zugehen, doch es sprang hoch, drehte sich um und rannte davon.
Dr. Kofman, die im Norden, und Professor N. I. Burchak-Abramowitsch, der im südlichen Aserbeidschan arbeitet, treiben die Sondierung des Kaukasus sehr systematisch voran. Dr. Kofman erfaßt sämtliche Details aller Begegnun-

gen, die genaue Tageszeit, das Datum usw. sowie das Geschlecht der gesichteten Almas. Im Kaukasus wurden nur wenige jugendliche Almas beobachtet, außerdem mehr Männer als Frauen. Diese umfassende Bestandsaufnahme, die sich über einen Zeitraum von 21 Jahren erstreckt und bei der die Forscher alljährlich mehrere Monate lang zu Fuß und zu Pferde zwischen den Dörfern umherziehen, hat eine immense Menge von Informationen erbracht, die mindestens so zuverlässig sind wie das Zhamtsarano-Material und anscheinend ebenso fest unter Verschluß gehalten werden.
Wenn sie im Westen vollständig veröffentlicht würden, könnten sie ein für allemal die Frage nach der Authentizität der Almas-Sichtungen im Kaukasus klären. Solange das jedoch nicht geschieht, neige ich zu der Auffassung, daß die ethnographischen Befunde und Augenzeugenberichte bereits als hinreichender Beweis für die Existenz eines menschenähnlichen Lebewesens mit unverkennbaren Neandertalermerkmalen in dieser Region gelten können.

VII.
DIE
PAMIR
EXPEDITIONEN

Man bezeichnet zwar häufig Tibet als »das Dach der Welt«, aber dieser Name gebührt korrekterweise dem noch höheren Pamir, einem gewaltigen Komplex aus Bergketten, Gipfeln, Gletschern, Eisfeldern und Matten, der sich zwischen dem sowjetischen Zentralasien, Sinkiang, Kaschmir und Afghanistan erstreckt. Der Pamir liegt zum größten Teil auf sowjetischem Territorium, doch seine Bewohner sind fast ausschließlich nomadische Kirgisenstämme, denen sich gelegentlich Forscherteams, Bergsteiger und Prospektoren hinzugesellen. Das Wort »Pamir« bedeutet soviel wie Gebirgstal glazialen Ursprungs, und diese Gletschertäler, die durchweg in Höhen von 3600 bis 4200 m liegen, sind vielfach von Wasserläufen durchzogen, die manchmal eine ganze Serie von Seen speisen. Sie umschließen hochalpine Wiesen, die während des kurzen Sommers, wenn nicht die gesamte Region von Schnee bedeckt ist, ausgezeichnete Weideflächen für die Tiere darstellen. Holz und kultivierbarer Boden fehlen dagegen in diesen Hochtälern fast völlig.
Der Pamir besteht aus acht getrennten Gebirgszügen, die jeweils von mindestens 6000 m hohen Gipfeln überragt werden. Sie sind gesäumt von Eisfeldern und laufen in Moränen aus. Diese Gebirgswelt wird häufig als wild, unwirtlich und öde beschrieben, und sie ist in der Tat auch sehr unzugänglich. So entdeckte noch 1926 eine wissenschaftliche Expedition ein Dorf, das seit Jahrhunderten keinen Kontakt zur Außenwelt gehabt und sich ganz eigenständig entwickelt hatte.[1]
Aus der Sicht eines Hominiden muß diese Region ein ideales Rückzugsgebiet sein, und vieles deutet darauf hin, daß sie sowohl die kleine almasähnliche Spielart als auch den größeren yetiartigen Primaten beherbergt. Neuere sowjetische Untersuchungen, die von engagierten Amateurteams durchgeführt wurden, haben großes Aufsehen in der Öffentlichkeit erregt und neue Sichtungen, Fußspuren und »Kontakte« zutage gefördert. Die Geschichte beginnt jedoch schon 1925, als Generalmajor Michail Stefanowitsch Topilski, Kommissar eines berittenen Regiments, fliehende weißrussische Truppen verfolgte. Er erinnert sich:[2]
»Als wir unsere Verfolgungsjagd fortsetzten, holten wir den Rest der völlig erschöpften Abteilung ein, der an einer Stelle rastete, wo der Gletscher durch einen Felsen gespalten wird. Die obere Gletscherzunge hatte sich über den Felsen geschoben, in dem sich ein Spalt oder eine Höhle befand. Wir umzingelten die Abteilung und bezogen eine Position oberhalb ihres Ruheplatzes. Ein Maschinengewehr wurde in Stellung gebracht. Als wir die erste Handgranate warfen, rannte ein Mann (ein russischer Offizier) auf den Gletscher und schrie, daß die Schießerei die Eishöhle zum Einsturz bringen könnte und daß dann alle begraben würden. Als wir ihn daraufhin aufforderten, sich zu ergeben, bat er uns um etwas Zeit, um das Angebot mit den anderen Banditen zu besprechen, und kehrte in die Höhle zurück. Kurz darauf vernahmen wir ein unheilkündendes Zischen, und das Eis begann tatsächlich, sich in Bewegung

zu setzen. Fast im selben Augenblick hörten wir Schüsse, und da wir nicht wußten, was das Ganze zu bedeuten hatte, hielten wir es für den Beginn eines Gegenangriffs.
Schnee- und Eisbrocken fielen vom Felsen herab und verschütteten allmählich den Höhleneingang. Im letzten Augenblick gelang es drei Männern zu entkommen, doch die übrigen (es waren fünf, wie wir später erfuhren) wurden unter dem Schutt begraben. Unsere Kugeln töteten zwei der Banditen, der dritte wurde schwer verletzt. Als wir auf ihn zutraten, zeigte er uns eine Stelle, an der die Leiche eines russischen Offiziers verschüttet war, und wir gruben sie aus. Später stellte sich heraus, daß der Verwundete ein usbekischer Teehausbesitzer aus Samarkand war.
Wir verhörten ihn, und er gab uns die folgende Information:
Als die Banditen unsere Aufforderung zur Übergabe diskutierten, drangen plötzlich behaarte, menschenähnliche Geschöpfe mit wirrem Geschrei durch eine Spalte, die möglicherweise nach oben führte, in die Höhle ein. Es waren mehrere, und sie hielten Stöcke in den Händen. Die Banditen versuchten sich den Weg freizuschießen. Einer wurde von den Eindringlingen mit Stöcken erschlagen. Unser Erzähler erhielt einen Schlag auf die Schulter und stürzte zum Höhlenausgang, dicht gefolgt von einem der Ungeheuer. Es rannte hinter ihm her aus der Höhle. Glücklicherweise gelang es ihm jedoch, den Verfolger zu erschießen, der dann von den Schneemassen begraben wurde.
Um diese merkwürdige Geschichte zu überprüfen, ließen wir uns von dem Mann die betreffende Stelle zeigen und räumten den Schnee weg. Wir fanden tatsächlich die Leiche, die von drei Kugeln getroffen worden war. Nicht weit entfernt entdeckten wir einen Stock aus sehr hartem Holz, doch es läßt sich nicht mit Sicherheit sagen, ob er dem Geschöpf gehört hatte. Auf den ersten Blick dachte ich, wir hätten den Körper eines Affen vor uns. Er war ganz und gar mit Haaren bedeckt. Ich wußte jedoch, daß es im Pamir keine Affen gibt. Außerdem sah der Körper eher wie der eines Menschen aus. Wir zogen an dem Haar, um festzustellen, ob es nur eine Fellverkleidung war, erkannten aber, daß es sich um das natürliche Haar des Geschöpfes handelte. Wir drehten den Leichnam mehrmals auf den Rücken und den Bauch und vermaßen ihn. Unser Arzt (der noch im selben Jahr fiel) untersuchte den Körper lange und sorgfältig. Bald war klar, daß wir kein menschliches Wesen vor uns hatten.
Der Körper gehörte einem männlichen Wesen, das 165 bis 170 cm groß und schon älter oder sogar alt war, nach den stellenweise grauen Haaren zu urteilen. Die Brust überzogen bräunliche, den Unterleib graue Haare. Im allgemeinen war das Haarkleid sehr dicht, jedoch ohne Unterwolle. Am wenigsten behaart war das Gesäß, woraus unser Arzt schloß, daß das Geschöpf sich wie ein Mensch hinsetzte. Das meiste Haar fand sich auf den Hüften. Die Knie waren völlig kahl und mit schwieligen Aufwüchsen überzogen. Der gesamte Fuß,

einschließlich der Sohle, war völlig unbehaart und von einer harten braunen Haut bedeckt. Die Haare nahmen zur Hand hin ab, und die Innenfläche der Hände wiesen keine Haare, sondern nur eine schwielige Haut auf.
Das Gesicht war dunkel, und das Wesen trug weder Backen- noch Schnurrbart. Die Schläfen waren kahl, doch den Hinterkopf bedeckte dichtes, verfilztes Haar. Das tote Geschöpf lag mit offenen Augen und entblößten Zähnen da. Es hatte dunkle Augen und große Zähne, die ebenmäßig und wie menschliche Zähne geformt waren. Die Stirn fiel ab, und die Augenbrauenwülste waren sehr kräftig. Die vorstehenden Kieferknochen gaben dem Gesicht das Aussehen eines mongolischen Typs. Die flache Nase hatte einen tief eingesunkenen Rücken. Die unbehaarten Ohren wirkten etwas spitzer als Menschenohren und hatten längere Läppchen. Der Unterkiefer war sehr massig.
Das Geschöpf besaß eine sehr kräftige Brust und gut entwickelte Muskeln. Wir entdeckten keinen wesentlichen Unterschied zwischen ihm und einem Menschen. Die Genitalien glichen denen eines Mannes. Die Arme hatten normale Länge, die Hände waren etwas breiter, die Füße jedoch viel breiter und kürzer als die eines Menschen.«
Daß dieses seltsame Geschöpf so große Ähnlichkeit mit einem Menschen hatte, irritierte die Soldaten ganz offensichtlich. Da sie den Leichnam zwecks weiterer Untersuchung nicht mitnehmen konnten, bestatteten sie ihn feierlich unter einem Steinhügel. So ähnlich begruben wohl einst vor rund 40 000 Jahren, möchte man meinen, ihre Ahnen einen toten Neandertaler.
Topilski vertraute seine Geschichte erstmals dem Leningrader Hydrologen A. G. Pronin an, dessen eigene Beobachtungen in dieser Region einen weiteren wichtigen Beitrag zur Wildmenschensaga darstellen.[3] Aleksandr Georgiewitsch Pronin, ein hochgestellter Mitarbeiter des Geographischen Forschungsinstituts der Universität Leningrad, leitete 1957 ein Team von Hydrologen, das eine große wissenschaftliche Expedition zum Rand des Fedchenko-Gletschers begleitete. Der riesige, bis dahin völlig unbekannte Gletscherkomplex ist erst kürzlich von usbekischen Wissenschaftlern aus der Luft vermessen worden. Doch als Pronin tätig wurde, waren noch nicht einmal Lage und Höhe der Hauptgipfel bestimmt.
Am 2. August 1957 kampierte das Team am Gletscherrand, und einige Kollegen ritten in das nächste Dorf, um Proviant zu beschaffen. Pronin selbst sondierte das Tal des Flusses Balyandkiik, und gegen Mittag bemerkte er eine Gestalt, die fast 500 m über ihm und ebenso weit vor ihm auf einem Felsvorsprung stand. Er reagierte zunächst mit Verblüffung, denn diese Gegend galt als unbewohnt. Dann kam ihm der Gedanke, daß das Lebewesen vielleicht gar kein Mensch sei. Es glich zwar einem Mann, stand aber weit vorgebeugt da. Pronin beobachtete, wie die untersetzte Gestalt sich mit weit gespreizten Bei-

52 Der Zanun-Gletscher und Geröllhänge im Pamir.

nen durch den Schnee bewegte, und er erkannte, daß die Arme länger als die eines Menschen waren und daß das Geschöpf ein rötlich-graues Haarkleid trug. Nach etwa fünf Minuten verschwand es hinter einem Felsblock, aber drei Tage danach erblickte Pronin es abermals im selben Tal, als er von einer Erkundungsexpedition zurückkehrte. Diesmal war es kurz vor Sonnenuntergang. Die Gestalt ging wiederum aufrecht, doch sie verschwand rasch in einem schwarzen Loch, vermutlich einer Höhle.

Pronin war zu bescheiden und zurückhaltend, um eine schlüssige Aussage über die Natur des Lebewesens zu wagen; er hielt sich nur für kompetent, was hydrologische Fragen anbetraf. Zunächst scheint er das Wesen für einen Bären gehalten zu haben, doch später meinte er, es sei eindeutig menschenähnlich gewesen. Die Geschichte hatte ein kurioses Nachspiel. Etwa eine Woche später entdeckten die Mitglieder der Expedition, daß ihr Schlauchboot nicht mehr an seinem Platz am Flußufer lag, und sie suchten es überall vergeblich. Die Sache kam ihnen sehr merkwürdig vor, da die Gegend doch offensichtlich unbewohnt war. Was Pronin zu der Zeit noch nicht wußte: Das Boot wurde schließlich von seinen Kollegen etwa 5 km stromaufwärts gefunden, wo der Fluß voller Stromschnellen und Katarakte war. Es ist schwer, wenn nicht gar unmöglich zu erklären, wie das Boot dorthin gelangen konnte; es sei denn, irgendwer hätte es getragen . . .

Auf Einladung des Präsidiums der Sowjetischen Akademie der Wissenschaften teilte Pronin seine Erlebnisse der Schneemenschenkommission mit. Die kirgisischen Bergvölker des Pamir waren offenbar recht vertraut mit diesen Lebewesen, die *Guli-avan* oder *Golub-yavan* genannt werden, was nichts anderes als »Wildmensch« bedeutet. Einige Einheimische berichteten sogar vom Verlust der verschiedensten Haushaltsgegenstände, die später oft irgendwo in den Bergen wiedergefunden wurden. Das Gebiet ist so abgelegen, daß es in seinen tiefen Höhlen eine ganze Armee von Almas beherbergen kann, die sich als Allesfresser von kleinen Nagern und eßbaren Beeren und Pflanzen wie Kreuzdorn und Zaunrose ernähren könnte. Es ist vielleicht kein reiner Zufall, daß dieselbe Seite des *Soviet Weekly* vom 15. Januar 1959, die Pronins Bericht enthielt, auch eine kurze Notiz über neue Neandertaler-Fundstätten in Usbekistan brachte, wo man unter anderem Malereien und mineralische Farbstoffe entdeckt hatte. Die Entfernung zwischen beiden Regionen beträgt nur einige Hundert Kilometer. Vor 50 000 Jahren haben zweifellos Neandertaler in diesem Gebiet gelebt, doch die Frage bleibt offen, ob Topilski oder Pronin tatsächlich deren Nachkommen gesehen haben.

Das Interesse der Akademie der Wissenschaften an dem ganzen Problem beschränkte sich nicht nur auf die Einsetzung einer Kommission. 1958 wurde eine Expedition zum Pamir entsandt, welche die Aufgabe hatte, Daten über die Schneemenschen sowie andere wissenschaftliche Informationen zu sammeln. Ihr Leiter war der Botaniker Professor K. V. Stanjukowitsch. Zu seinen

Mitarbeitern zählte neben Professor Porschnew auch Dr. Kofman, die sich später so erfolgreich im Kaukasus betätigte. Stanjukowitsch scheint sich intensiver mit seinem botanischen Atlas als mit dem Schneemenschenproblem befaßt zu haben, und Porschnew beklagte sich später, man habe ihn in die falsche Gegend geschickt und die Expedition sei nicht wirklich am Schneemenschen, sondern nur an der Biogeographie und der Geschichte des Pamir im allgemeinen interessiert gewesen.[4] Weiterhin mokierte sich Porschnew darüber, daß kein Primatologe oder Anthropologe zum Team gehörte und daß bei der Feldforschung keine systematischen Aufzeichnungen gemacht wurden. Es erschien auch kein wissenschaftlich fundierter Expeditionsbericht, sondern man veröffentlichte lediglich zwei kurze Referate.[5]

Das ist fast unglaublich, wenn man bedenkt, daß die Expedition neun Monate dauerte und mit Tarnzelten, Teleobjektiven usw. ausgerüstet war und Schäferhunde mitführte, die im Moskauer Zoo eigens zum Aufspüren von Menschenaffenfährten abgerichtet worden waren. Mehr als 20 Schafe und Ziegen wurden als Köder verwendet, und an über 30 Stellen legte man Fangnetze und Schlingen für die armen Schneemenschen aus. Doch diese entgingen sowohl den Fallen als auch den erfahrenen Schneeleopardenjägern,[6] und die Expedition mußte mit leeren Händen heimkehren. Dies war ein schwerer Schlag für die Schneemenschenkommission und das vorerst letzte Mal, daß solche Forschungsarbeiten in der UdSSR von amtlicher Seite finanziell gefördert worden sind. Die gesamten dann folgenden neueren Untersuchungen wurden von Amateuren durchgeführt und haben bezeichnenderweise mehr Informationen erbracht.

Stanjukowitsch ist allenfalls dadurch berühmt geworden, daß er 1958 eine Science-Fiction-Story über den Schneemenschen schrieb, die den Titel »Der Mann, der ihn gesehen hat« trägt. Es ist die Geschichte eines einsamen Forschers, der irgendwo im Pamir den letzten Schneemenschen der Erde aufspürt. Der Verfolger hat dem Verfolgten hier eines voraus, nämlich einen Rucksack voll Lebensmittel. Dem bedauernswerten Schneemenschen bleibt indes nichts anderes übrig, als immer wieder Pausen einzulegen, um Nahrung zu sammeln. Die Erzählung endet damit, daß beide in einen reißenden Fluß stürzen. Der Mann kann sich ans Ufer retten, der Schneemensch ertrinkt.

Die Arbeit der sowjetischen Amateurexpeditionen hat in einschlägig interessierten Kreisen Furore gemacht. Die Leute, die in tieferen Lagen des Pamir-Gebirges operierten, entdeckten große Lebewesen – größer noch als die Almas. Zwei Nummern der *Komsomolskaja Prawda* (Zeitung der Jugendorganisation der KPdSU), vom 15. August und 8. September 1979, berichteten über eine Expedition aus Kiew, die am Ende des Sommers im Pamir arbeitete. Die Resultate wurden mit Unterstützung von Igor Burtsew beschrieben, der seit langem in der Schneemenschenforschung aktiv ist und zum Stab des Moskauer Darwin-Museums gehört. Leiter der Expedition war Igor Tatsl, ein Arbeiter der Kiewer Fabrik »Bolschewik«. Er verbringt zusammen mit einigen Freunden seinen Jahresurlaub regelmäßig in dieser Gegend, um nach Hominiden Ausschau zu halten.

Im Jahre 1979 war das ausgewählte Areal eine der Schluchten im Quellgebiet des Flusses Varsob. Am 4. August schlug die Expedition ihr Lager am Zusammenfluß zweier Ströme auf und begann ihre Nachtbeobachtungen mit Spezialsichtgeräten, während man tagsüber die Hänge der umliegenden Schluchten nach Fährten absuchte. Die Leute glätteten und präparierten bestimmte »Spurenzonen« an den wenigen Stellen, die dafür geeignet waren, denn meist war der Boden hart und felsig und mit Kies bedeckt. Einige der Spuren, die daraufhin entdeckt wurden, hätten von nackten Füßen stammen können, aber die Maße waren vielfach schwer zu ermitteln – zum Beispiel fand sich zwar ein Fersenabdruck, doch die dazugehörigen Zehen waren auf Steine getreten. Es ergab sich jedoch eine auffällige Korrelation zwischen dem Spurenvorkommen und den Nächten, in denen man keine Wachen aufgestellt hatte; deshalb beschränkte sich die Expedition auf nächtliche Beobachtungen von den Zelten aus, anstatt weiterhin Verstecke zu benutzen.

Am Morgen des 15. August fand man vier deutliche Fährten, die von nackten Füßen herrührten; zwei führten auf das Lager zu und zwei von ihm weg. Die Schrittlänge betrug etwa 1,10 m – doppelt soviel wie beim normalen menschlichen Gang –, und die Spuren verliefen ungefähr 50 m vom Zelt entfernt. Doch leider eignete sich keine für einen brauchbaren, tiefen Abguß.

Man interessierte sich auch für die Meinungen der einheimischen Bevölkerung. Ein Waldarbeiter namens Kul beddin Radschabow führte die Befrager zum Haus des Jägers Gafar Dschabirow, der seinerseits eine aufregende Geschichte zu erzählen hatte. Er berichtete, er habe Mitte der sechziger Jahre eines dieser Geschöpfe gesehen und sogar beschossen. Er schnitt damals Zuckerrohr in einem Tal, das etwa 5 km vom Dorf Chakimi entfernt lag. Nach Beendigung seiner Arbeit fühlte er sich plötzlich unbehaglich, und als er sich umdrehte, erblickte er in einem Abstand von ungefähr 15 Schritt »so etwas wie einen wilden, behaarten Mann von fast schwarzer Farbe«, der auf einem großen Felsblock saß und ihn anstarrte. Gafar bekam es mit der Angst zu tun, packte seine Flinte und schoß blindlings; als er die Augen wieder aufmachte, war das Geschöpf verschwunden.

Am 21. August 1979, als die meisten Expeditionsmitglieder ausgeschwärmt waren, entdeckte ein Mann einen riesigen, sauberen Fußabdruck im schwarzen Staubboden. Ein zweiter, der leider nicht ganz so klar war, fand sich in einiger Entfernung. Der Abdruck war ca. 33 cm lang und an den Zehen 15 cm

53 Igor Burtsew mit einem Fußabdruck, der 1980 im Pamir abgenommen wurde. Auf dem Boden zwei Bigfoot-Abdrücke, die den riesigen vierzehigen Abdruck flankieren, den Wadim Makarow 1981 im Pamir entdeckte.

breit, also durchaus vergleichbar den Beispielen aus dem Himalaja. Die große Zehe war deutlich größer als die anderen, und alle Zehen waren leicht gespreizt. Der Fuß war außerdem ungewöhnlich flach. Nachdem man den Untergrund mit Schellack gehärtet hatte, nahm man einen Gipsabguß. Die Fußspur zeigte eine auffallende Ähnlichkeit mit manchen Spuren des amerikanischen Bigfoot, und da Burtsew der einzige war, der wußte, wie diese aussahen, ist die Möglichkeit einer Fälschung sehr gering. Leider mußte die Expedition das Areal zwei Tage nach diesem Fund verlassen, kehrte jedoch im darauffolgenden Jahr zurück.

Die Expedition, die 1980 auszog, war viel größer als die des Vorjahres; sie umfaßte fast 120 Personen. Zwei Sichtungen wurden gemeldet, und eine davon geriet auch in englische Zeitungen. Die *Times* vom 2. Juni 1981 druckte die Geschichte einer Expeditionsteilnehmerin, der 18jährigen Nina Grinewa, unter der Schlagzeile: »Yeti als riesenhaft, behaart und scheu geschildert.« Eine ausführlichere Version erschien im *Sunday Express* vom 31. Mai 1981 und war überschrieben: »Der Tag, an dem sie einen begrüßte.« Beide Artikel sind nicht sonderlich exakt, und wer die ganze Geschichte hören möchte, muß sich an die russische Darstellung halten. Dort wird Nina Grinewa wie folgt zitiert:[8]

»Er stand etwa 25 m von mir entfernt, das Gesicht mir zugewandt, und durchbohrte meine Seele mit seinem Blick. Dieser Blick war nicht aggressiv, eher wohlwollend, aber durchdringend. Die Augen waren groß und leuchtend – nicht hell, aber leuchtend. Ja, sein ganzer Körper hatte etwas Leuchtendes an sich. Er war dunkel und zugleich ein wenig silbrig. Ich konnte sehen, daß sein Körper mit Haar bedeckt war, aber es war nicht zottig. Vielleicht war es auch naß – auf alle Fälle glänzte es leicht silbrig. Er war ungefähr 2 m groß und wirkte sehr massig, vierschrötig und war gerade von der Schulter bis zur Hüfte; der Hals war kurz, der Kopf vorgereckt, und die Arme hingen in einer leicht vorgebeugten Haltung frei herab. Als ich ihn erblickte, hatte ich keine Angst, und ich begann langsam auf ihn zuzugehen. Nach etwa fünf Schritten hielt ich inne und drückte zwei- oder dreimal ein Gummispielzeug in Vogelgestalt zusammen, das Quieklaute erzeugte und das ich von Tatsl [ihr Begleiter] erhalten hatte, um durch die Töne die Aufmerksamkeit von Goscha [so nannte sie das Lebewesen] zu erregen. Doch gerade dadurch wurde die Kontaktaufnahme verhindert. Goscha drehte sich auf der Stelle um, schritt eilends hangabwärts zum Fluß und verschwand hinter dem Steilufer.

Mir fiel die Weichheit und Grazie seines Ganges auf, obwohl er sich sehr schnell bewegte. Dies war kein menschlicher Gang, sondern der eines Tieres, ähnlich dem eines Panthers. Trotz der Gesteinsbrocken und der anderen Hindernisse bewegte er sich rasch, sanft, ja sogar anmutig. Er muß einen perfekten Gleichgewichtssinn besitzen, und für ihn sind Stufen und ein unebener Hang das gleiche wie für uns eine gepflasterte Straße. Ich war sehr enttäuscht über seinen Rückzug. Aber daran ließ sich nichts ändern. Ich kehrte um und

54 Der berühmte Yeti-Fußabdruck, den Wadim Makarow am 29. September 1981 im Pamir entdeckte. Er hat eine Länge von etwa 50 cm.

begann in die entgegengesetzte Richtung davonzugehen, auf die Furt zu. Dann setzte plötzlich mein Erinnerungsvermögen aus, und ich weiß bis jetzt nicht mehr, was ich getan habe. Nein, ich hatte keine Angst. Im Gegenteil, ich bedauerte es sehr, daß er gegangen war. Aber irgendwie verlor ich das Bewußtsein. Ich kann mich nicht mehr erinnern, wie ich das Wasser erreichte und was ich dort gemacht habe. Ich kam wieder zu mir, als Zhora mich schüttelte. Dann zeigte ich ihr, wo ich IHN gesehen hatte.«[11]

In einer Stellungnahme, die Dmitri Bajanow vom Darwin-Museum im August 1981 abgab, ist die Rede von »zwei ziemlich spannungsreichen Sitzungen des Hominiden-Seminars, das sich mit diesem Vorfall beschäftigte«.[9] Die Expeditionsteilnehmer wurden mit einem sehr kritischen Publikum konfrontiert. Dennoch glaubt Bajanow nach wie vor an die Zuverlässigkeit des Berichts, obwohl er die Art und Weise der Kontaktaufnahme nachdrücklich mißbilligt. Er meint, man habe das Mädchen als Köder benutzt, was vielleicht einen guten Stoff für Humoristen abgäbe, aber auch tragisch hätte enden können.

Mitglieder von Tatsls eigener Gruppe ließen durchblicken, daß er und Nina die elementarsten Bergsteigerregeln verletzt hätten, weil man das Mädchen in einer gefährlichen Situation alleingelassen habe. Sehr aufschlußreich ist übrigens noch, daß sowohl Nina als auch einige andere Leute in einiger Entfernung vom Basislager das Geräusch von heftig aufeinanderschlagenden Steinen gehört hatten, bevor das fremde Lebewesen auftauchte. Dies ist ein charakteristisches Geräusch, das offenbar auch der Bigfoot verursacht.

An einer Pamir-Expedition des Jahres 1981 nahmen 160 Personen aus der gesamten Sowjetunion teil. Es wurden mehrere Sichtungen gemeldet,[10] aber es gab keine einwandfreien Beschreibungen. Allerdings entdeckte Wadim Makarow am 29. September einen Fußabdruck, der nicht nur der bisher größte ist (knapp 50 cm), sondern obendrein nur vier Zehen aufweist. Solche Abweichungen sind auch aus dem Himalaja und aus Amerika bekannt und werden allgemein als Mißbildungen aufgefaßt. Die Spuren fanden sich auf der Uferböschung desselben Flusses, an dem im Jahr zuvor die Grinewa ihr aufregendes Erlebnis gehabt hatte, und entsprechen in ihrer Größe den riesenhaften Abdrücken, die neuerdings in China entdeckt werden. So steht fest, daß es an der Existenz eines großen affenartigen Lebewesens im Pamir kaum noch Zweifel gibt. Mehr läßt sich jedoch vorerst über dieses Geschöpf nicht aussagen.

Die Veröffentlichung solcher Funde ist bislang auf russische Zeitungen und Zeitschriften beschränkt, zum Beispiel auf die Sparte »Forscherklub« des Jugendorgans *Komsomolskaja Prawda* oder das mehrsprachige Wochenmagazin *Moscow News.* Meine Freunde vom Moskauer Darwin-Museum berichten mir, daß ihre Arbeit in der Öffentlichkeit auf großes Interesse stößt, daß aber bisher eine offizielle Unterstützung seitens der Regierung ausblieb. Sicherlich ist der Akademie der Wissenschaften nicht an einer Wiederholung des Stanjukowitsch-Fiaskos von 1958 gelegen, doch vielleicht sorgt die staatlich geförderte Forschungsarbeit der Chinesen dafür, daß der Wettbewerbsgeist schließlich wieder erwacht.

Obwohl die frühen Sichtungen (Pronin und Topilski) in einem leicht abweichenden Lebensraum stattfanden, ist es verwunderlich, daß die letzten Expeditionen keine almasähnlichen Lebewesen mehr zu Gesicht bekommen haben. Entweder beschränkt sich deren Verbreitung auf ein begrenztes Gebiet, oder sie existieren nicht mehr – ein Schicksal, das auch den mongolischen Almas drohen könnte. Die Beschreibungen der beiden Spielarten im Pamir haben kaum etwas gemeinsam; die Berichte scheinen zwei verschiedene Formen zu betreffen, von denen nur eine (Almas) den Hominiden zugerechnet werden kann. Die Schilderungen des größeren Typs lassen sich offenbar eher den Yetis im Himalaja oder verwandten Lebewesen in China und Sibirien zuordnen. Der kleinere Typ paßt dagegen ebenso gut zu den Almas in der Mongolei, im Tien-Schan-Gebirge und im Kaukasus, also in geographisch gleichartigen Gebieten, die durch Bergketten miteinander verbunden sind. Die Vorstellung, daß der Pamir eine Region ist, in der zwei unidentifizierte Primatenformen zusammenleben, ist reizvoll, aber solange die Überlappung der Verbreitungsräume nicht belegt ist, läßt sich eine so verlockende Hypothese leider nicht beweisen.

VIII.
SCHNEEMENSCHEN
IN
SIBIRIEN

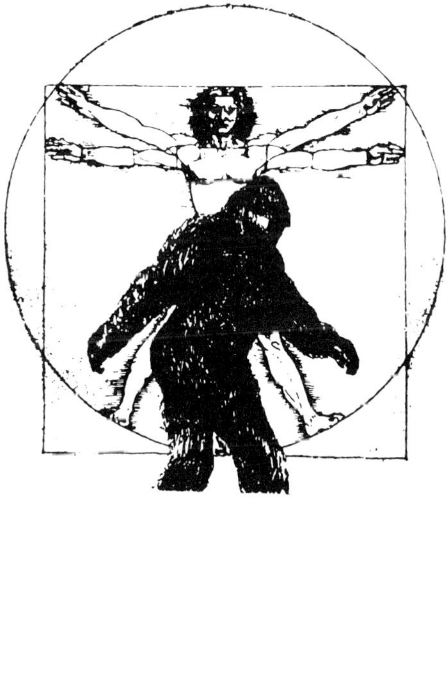

Einige der interessantesten russischen Wildmenschenberichte stammen aus Sibirien. Dort sind zwei Typen bezeugt: eine außergewöhnlich menschenähnliche und eine größere Spielart, die entfernt dem Yeti ähnelt. Um beide ranken sich Volkserzählungen und Ortssagen. Der erste Typ scheint auf ein Gebiet nordöstlich von Yakut in Ostsibirien beschränkt zu sein, während der zweite sporadisch in ganz Sibirien beobachtet worden ist, vom Ural im Westen bis zur Tschuktschen-Halbinsel im äußersten Osten. Das ist in der Tat ein riesiges Vorkommensgebiet, denn es erreicht immerhin eine maximale Ausdehnung von rund 8 000 km. Wir entdecken hier wiederum eine verblüffende Übereinstimmung in vielen Beschreibungen, auch wenn man, um der Wahrheit die Ehre zu geben, einräumen muß, daß diese behaarten Bewohner der Tundra und der Nadelwälder hier ebenfalls eine stattliche Anzahl von aufgebauschten Geschichten inspiriert haben.

Es fällt sehr schwer, sich die Monotonie und Weltabgeschiedenheit Sibiriens vorzustellen, das eine Fläche von mehr als 10 Millionen km² bedeckt. Die Bevölkerungsdichte ist trotz der sowjetischen Kolonisierungsversuche der letzten 20 Jahre sehr gering, und die Menschen, die in den nördlichen Breiten leben, sind überwiegend halbnomadische Rentierhirten. Ein Großteil der Sichtungen und Geschichten stammt von diesen Menschen. Dazu kommen Berichte von umherreisenden Wissenschaftlern, die sich manchmal für diese Fragen interessierten und alles zusammentrugen, was sie von den Einheimischen erfahren konnten. Zu dieser Gruppe von Wissenschaftlern gehört der Geologe Wladimir Puschkarew, der 1978 einen Aufsatz mit typischen Erzählungen aus der Region veröffentlichte.[1] Einige Geschichten sind sehr ausführlich und durchaus glaubwürdig, so etwa der nachstehend zitierte Bericht, den Puschkarew von einem russischen Veteranen erhielt, der im Dorf Ust-Tsilma am Unterlauf des Petschora (westlich des nördlichen Ural) wohnte. Der Vorfall ereignete sich 1920, als der Mann, der damals etwa 15 Jahre alt war, am Fluß Tsilma, ungefähr 10 km von seinem Dorf entfernt, Heu machte. Derartige Szenen müßten dem Leser inzwischen vertraut sein, denn wir haben schon mindestens ein Dutzend ähnliche Berichte von Leuten gehört, die außerhalb ihres Dorfes als Holzfäller, Mäher usw. arbeiteten. Bekannt ist außerdem, daß sich eine erstaunlich große Zahl dieser Vorgänge in der Nähe von Flüssen abspielt. Wenden wir uns nun aber der Geschichte des russischen Veteranen zu:

»Zusammen mit sechs Jungen und zwei Erwachsenen schichtete ich, 300 m vom Fluß entfernt, Heuhaufen auf. Die Hütte, in der wir während der Zeit der Heumahd lebten, stand nicht weit weg. Plötzlich tauchten am gegenüberliegenden Ufer zwei fremdartige Gestalten auf. Die eine war klein und schwarz, die andere riesengroß (über 2 m) und grau oder weißlich. Sie sahen in jeder Beziehung wie Menschen aus, aber wir spürten sofort, daß es keine Menschen waren, und betrachteten sie, ohne uns zu rühren. Sie begannen um einen hohen Weidenbaum herumzulaufen. Der Weißliche rannte los, und der Schwarze jagte hinter ihm her. Es war, als wollten sie spielen. Sie liefen sehr schnell. Wir bemerkten, daß sie keinerlei Kleidung trugen. Ihr Spiel dauerte mehrere Minuten. Dann stürzten sie auf den Fluß zu und verschwanden. Wir flüchteten sofort in die Hütte und trauten uns eine geschlagene Stunde lang nicht mehr hinaus. Doch nachdem wir uns mit allerlei Gegenständen und einer Flinte bewaffnet hatten, ruderten wir mit einem Boot zu der Stelle, wo die beiden umhergerannt waren. Dort fanden wir große und kleine Fußspuren, die rings um die Weide besonders zahlreich waren. Ich kann mich nicht mehr an die Zehen der kleineren Fußabdrücke erinnern, aber die Spuren des großen Unbekannten habe ich mir genau angesehen. Sie waren sehr groß, so als stammten sie von Winterstiefeln. Die sechs ungefähr gleichlangen Zehen waren scharf abgesetzt. Die Fußspuren waren denen eines Menschen sehr ähnlich, aber flach wie eine Bärenfährte. Die Zehen waren nicht zusammengedrückt wie bei einem Menschen, sondern ein wenig nach außen gespreizt.«

Diese Darstellung ist aus zwei Gründen wichtig: Erstens haben viele Menschen die Geschöpfe gesehen (andere Dorfbewohner bestätigten den Bericht); zweitens traten ein großer und ein kleiner Wildmensch zusammen auf. Natürlich stellt sich sofort die Frage, ob der kleine ein Kind derselben Art war. Der eingehenden Beschreibung der Fußspuren, die nach 50 Jahren niedergeschrieben wurde, sollte man nicht zuviel Bedeutung beimessen, doch aus ihr und aus der genannten angeblichen Größe des »Erwachsenen« entsteht der Eindruck, daß es sich um yetiartige Lebewesen gehandelt haben könnte.

Eine vergleichbare Sichtung in ungefähr derselben Gegend, am Fluß Aiyu-va in der ASSR der Komi, westlich des Ural, meldete das Ehepaar Charalampow, das 1956 dort Urlaub machte und dabei einigen merkwürdigen Lebewesen begegnete; sie waren groß, menschenähnlich, »prachtvoll gebaut«, unbekleidet und bedeckt mit langem schwarzem Haar. Ein durchdringender »unmenschlicher« Ruf wurde gleichfalls registriert, und man beobachtete die Geschöpfe beim Schwimmen im Fluß, bevor sie am anderen Ufer auftauchten und einen großen Lärm vollführten. Auch dieser Bericht stammt von Leuten, die offensichtlich von den im Volk kursierenden Geschichten keine Ahnung hatten und an deren Verbreitung nicht interessiert waren. Zwei weitere wichtige Details sind natürlich die hohe, für den Yeti so charakteristische Stimme und die Verbindung des Wesens mit dem Wasser, die auch dem Sasquatch allgemein nachgesagt wird. Der Drang zum Wasser ist besonders in Sibirien eine häufige Erscheinung, da dort zahlreiche Wildmenschen beim Durchwaten oder Durchschwimmen von Flüssen beobachtet worden sind. Das ist insofern ungewöhnlich, weil die sibirischen Flüsse die meiste Zeit zugefroren sind; die Sichtungen entfallen somit größtenteils auf die Sommermonate. Die nordsibirischen Ebenen sind von ungezählten Wasserläufen durchzogen, so daß man keine größere Entfernung zurücklegen kann, ohne einen Fluß zu durchqueren. Vermutlich gibt es bestimmte bevorzugte Übergänge, die sowohl von den

Menschen als auch von den Wildmenschen benutzt werden und die deshalb auch eine Erklärung für die Häufung der Sichtungen bieten könnten.
Der unermüdliche Puschkarew bereiste auch das ausgedehnte Stromgebiet des Ob auf der anderen, östlichen Seite des Ural und konnte wiederum einige interessante Sichtungen von Wildmenschen vermelden. Im August 1975 hielt er sich in der Gegend von Wasjakowa auf, und zwar in Begleitung einer gewissen Viktorija Pupko vom Moskauer Institut für Tiefbau. Dort wurde er vom Vorsitzenden des Stadtrats mit einem Mann namens Luka Wasiljewitsch Tynsjanow bekannt gemacht, der ihm folgende Geschichte erzählte:
»Im Jahre 1960 oder 1961 ging ich eines Abends am Ufer des Ob entlang, und zwar von Jaraskogort nach Wasjakowa. Ich hatte zwei Hunde bei mir. Diese fletschten plötzlich die Zähne, schlugen an und stürzten vorwärts. Dann kamen sie zurück, rannten wieder voraus und kehrten abermals zurück. Sie drückten sich ängstlich an mich und hörten auf zu bellen. Im selben Augenblick traten zwei massige Gestalten aus dem Wald. Die eine war groß, mehr als 2 m, die andere ein wenig kleiner. Ich fürchtete mich ebenfalls, denn ihre Augen glühten dunkelrot wie zwei Laternen. Sie traten auf mich zu, und als sie neben mir waren, blickten sie mich plötzlich mit diesen glühenden Augen an. Sie trugen keinerlei Kleider; sie hatten ein dickes, kurzhaariges Fell auf dem Leib. Kopf und Körper waren völlig schwarz. Das Gesicht sprang vor, die Arme waren ziemlich lang, länger als die eines Menschen, und sie schwangen sie in einer recht merkwürdigen Art und Weise. Ihr Gang war etwas ungewöhnlich, nicht menschlich. Sie drehten nämlich beim Gehen ihre Beine ein bißchen nach außen. Als die Ungeheuer vorübergegangen waren, rannten die Hunde los in Richtung Dorf.«
Wenn wir einmal die Verwendung des Wortes »Ungeheuer« beiseite lassen, stimmt der Bericht recht gut mit den anderen Geschichten überein, die wir bis jetzt in diesem Kapitel wiedergegeben haben. Die vor den Geschöpfen erschreckenden Hunde sind ein in diesen Erzählungen immer wiederkehrendes Motiv. Der Mann, von dem die zitierte Geschichte stammt, bezeichnete die fremden Wesen mit dem dort gebräuchlichen Namen *Uten-echti-agen* (»der, welcher in den Wäldern umherwandert«) und erklärte, er habe sie schon viermal gesehen, zuletzt vor weniger als 15 Jahren.
Ähnliche Geschichten sind am Unterlauf des Ob und um das Delta der Flüsse Synja und Woikar sehr verbreitet. Mit ihnen verbindet sich ein gewisser Aberglauben. Manche Leute erzählten sie nämlich nur widerstrebend, denn sie hatten entweder das Gefühl, der Anblick dieser Geschöpfe bringe Unglück, oder sie befürchteten ganz einfach, da die Existenz dieser Wesen offiziell nicht anerkannt war, solche Berichte könnten ihnen einen behördlichen Rüffel eintragen. Diese abgeschiedene Gegend ist sehr weit von Moskau entfernt, und ihre Bewohner, die Chanten oder Ostjaken, gelten als ziemlich vertrauensselig und leichtgläubig. Puschkarew erwähnt – und ich halte das für signifikant –, daß

er die meisten Geschichten über Sichtungen von Wildmenschen nicht von den berufsmäßigen Geschichtenerzählern erfahren habe, von denen man sie am ehesten erwartet hätte. Er hörte sie vielmehr von Fischern und Rentierhirten, die sonst keinerlei historische Erzählungen kannten und offenbar auch keinen Grund hatten, welche zu erfinden. Auch gebildetere Personen steuerten Berichte bei, allen voran Marfa Efimowna Senkina, ehemalige Dorfschullehrerin und Witwe des prominenten Revolutionärs, der in der Ob-Region die Sowjetmacht begründet hatte:

»Vor der Revolution reisten mein Vater und ich in Geschäften überall in der nördlichen Ob-Region und auf der Jamal-Halbinsel umher. Ich war damals zwanzig, und wir wohnten in Salechard. Wir übernachteten häufig bei einem alten Ostjaken in der Umgebung der Siedlung Puiko. Ich erinnere mich: Der September hatte soeben angefangen, die Nächte waren bereits dunkel, und unsere Hunde schlugen oft während der Nacht an. Einmal wurde das Gebell besonders heftig. Das geschah zwei Nächte hintereinander. Ich fragte unseren ostjakischen Wirt, weshalb die Hunde so bellten, und er gab mir flüsternd zur Antwort, daß der Aufseher im Anmarsch sei. ›Was für ein Aufseher ist das?‹ fragte ich verständnislos. ›Ich zeige es Ihnen heute nacht‹, versprach er, ›aber schauen Sie ihn nur vorsichtig an – durch die Finger.‹

Um Mitternacht verließen wir das Zelt. Der Mond stand schon am Himmel, groß und rot. Wir warteten etwa eine Stunde lang. Plötzlich erblickte ich, während die Hunde wieder bellten, einige Dutzend Meter entfernt einen ungewöhnlich großen Mann. Vor dem Zelt stand eine zwei Meter hohe Purpurweide. Der Mann überragte sie mit Kopf und Schultern. Er schritt sehr schnell dahin, offensichtlich geradewegs durch das Unterholz. Seine Augen leuchteten wie zwei Laternen. Ich war noch nie einem so seltsamen und hochgewachsenen Mann begegnet. Die bellenden Hunde stürzten auf ihn zu. Einer, der durch unsere Anwesenheit ganz aufgeregt war, rannte direkt zu ihm hin. Der Mann beugte sich nieder, packte ihn und schleuderte ihn weit zur Seite. Wir hörten nur ein kurzes Winseln, dann flog der Hundekörper durch die Luft. Der Mann ging rasch davon, ohne sich auch nur ein einziges Mal umzudrehen.

›Was war das – ein *leskii* [Waldgeist]?‹ fragte ich den Alten. ›Sprechen Sie das Wort nicht aus‹, erwiderte er entsetzt. ›Sie rufen ihn sonst herbei. Nennen Sie ihn einfach den Aufseher. Er kommt jedes Jahr um diese Zeit hierher.‹ Anscheinend hatten Dutzende von Menschen dieses seltsame Waldgeschöpf zu unterschiedlichen Zeiten gesehen.«

Auch diese Geschichte stammt von einer Person, an deren Glaubwürdigkeit zu zweifeln kein Grund besteht. Die Darstellung steht insgesamt im Einklang mit den anderen Berichten, was die Größe des Lebewesens, seine glühenden Augen und seine negative Wirkung auf Hunde angeht.

Ich kann der Versuchung nicht widerstehen, noch ein weiteres Beispiel anzuführen, nämlich ein sehr berühmtes Ereignis aus dem 19. Jahrhundert, das sogenannte »Wunder von Beresowo«, das zu den absonderlichsten Kriminalfällen überhaupt gezählt werden muß; die einschlägigen Dokumente werden im Archiv des örtlichen Museums aufbewahrt. Zwei Fallensteller, Falalei Lykjow (ein Ostjake) und Obyl (ein Samojede), töteten 1845 in den Wäldern um Beresowo ein »Ungeheuer«. Das Geschöpf hatte angeblich Menschengestalt und war ungefähr 3 Arschin [etwa 2,10 m] groß, wies aber leider auch einige unrealistische Merkmale auf, unter anderem ein Auge auf der Stirn und ein zweites auf einer Wange. Ein pensionierter zaristischer Dorfpolizist schickte am 16. Dezember 1845 einen Bericht über diesen Zwischenfall an den Bezirksrat von Beresowo, und der Fall taucht später (1907) auch in dem Jahresbericht des Provinzmuseums von Tobolsk auf.

Die Fallensteller waren offenbar im Wald auf das Geschöpf gestoßen. Es wurde – wieder einmal! – von ihren Hunden angegriffen und verteidigte sich mit seinen Händen. Falalei schoß aus einem Abstand von knapp 35 m auf das Monster, und es stürzte zu Boden. Die Männer konnten es jetzt genauer inspizieren und bemerkten das dichte, aus schwärzlichen Haaren bestehende Fell, das den ganzen Körper bedeckte (die sibirischen »Yetis« scheinen also ein schwärzliches Haarkleid zu tragen, während ihre südlichen Verwandten rötlich gefärbt sind). Das Lebewesen war männlichen Geschlechts, hatte ziemlich spitze Fersen und keine Zehen an den Füßen, außerdem krallenförmige Finger und auch schwärzliches Fleisch. In vieler Hinsicht könnte diese Beschreibung eher auf einen Bären als auf einen Menschen zutreffen, aber man darf voraussetzen, daß die Fallensteller Bären und auch die übrigen der heimischen Tierwelt angehörenden Lebewesen genau kannten, so daß ein Irrtum ausgeschlossen werden kann. Die Geschichte wurde zum Kriminalfall, weil die Einheimischen sich weigerten, dem Polizeibeamten des Distrikts die Stelle zu zeigen, wo sie die Leiche versteckt hatten, nachdem dieser von dem Vorgang erfahren hatte. Der Fall wurde am Ende als unaufgeklärter Mord zu den Akten gelegt. Hätte sich nicht die Polizei eingeschaltet, wäre man geneigt, das Ganze als Schwindel abzutun. Aber schließlich erstattet kein Polizist offiziell Bericht über die Erschießung eines Fremden, wenn er nicht den Eindruck hat, daß jemand ein Verbrechen begangen hat oder daß zumindest die Sache von Amts wegen untersucht werden sollte. Man kann davon ausgehen, daß die Fallensteller selbst nicht genau wußten, wen oder was sie getötet hatten, denn das Opfer glich keinem ihnen bekannten Lebewesen. Doch die Männer gaben insgeheim zu, daß es menschenähnlich gewesen sein könnte und daß sie somit vielleicht doch einen Mord begangen haben könnten; das erklärt wohl auch ihre Weigerung, der Polizei das Versteck der Leiche zu zeigen. Wie dem auch sei, das Ganze bleibt ein Rätsel.

An drei Berufsschulen in Salechard unweit der Ob-Mündung, die von Kindern aus der gesamten Jamal-Nenzen-Region besucht wird, hat man vor kurzem eine Befragung zum Thema »Wildmenschen« durchgeführt. Diese Kinder sind die Nachkommen von Rentiernomaden und werden hier zu Lehrern, medizinischen Assistenten und Viehzuchtexperten ausgebildet. Insgesamt 60 Schüler wurden befragt, von denen 48 erklärten, daß sie selbst oder ihre Verwandten in der Tundra Wildmenschen gesehen bzw. nicht gesehen hätten; die restlichen 12 antworteten mit »weiß nicht«. Auf die nächste Frage – Wie nennen die Nenzen (Samojeden) diese Lebewesen? – erwiderten alle 60 Schüler: *»tungu«*. Eine dritte Frage, ob der Schüler selbst oder ein naher Verwandter erst vor kurzer Zeit (in den sechziger oder siebziger Jahren) ein solches Geschöpf gesehen habe, wurde differenzierter beantwortet.

Vier der Befragten berichteten, sie hätten einen *tungu* mit eigenen Augen gesehen, allerdings aus einiger Entfernung und bei schlechter Beleuchtung, so daß sie keine genauere Beschreibung geben konnten. Zehn nannten ihren Vater, Großvater oder Bruder als mögliche Augenzeugen. Auf die Bitte, das Geschöpf zu beschreiben, erklärten vier Kinder, es sei sehr groß und hager, behaart und flink. Sie erwähnten auch seinen Ruf, der wie ein »ohrenbetäubendes Pfeifen« klinge. Die Sichtungen verteilten sich über das ganze nordwestsibirische Tiefland, vom Ob bis zum Jenissei, über die Tundra der Gydan-Halbinsel und die weiter südlich gelegene Waldlandschaft an den Flüssen Nadym und Tas.

Eine weitere Rundfrage unter den erwachsenen Fischern und Rentierzüchtern des Weilers Nyda im Nadym-Distrikt ergab, daß man sich völlig einig darüber war, daß ein solches Lebewesen tatsächlich existierte. Alle Befragten versicherten jedoch, bis vor 15 oder 20 Jahren habe man den *tungu* recht häufig zu Gesicht bekommen, während er in den letzten 10 Jahren überhaupt nicht mehr gesichtet worden sei. Einige Leute meinten, er habe sich wohl in die weiter südlich gelegenen Wälder zurückgezogen, vielleicht wegen der zunehmenden Vermessungs- und Erschließungsarbeiten in seinem ursprünglichen Lebensraum. Die Nenzen oder Samojeden verwechseln offenbar niemals die Tungusen, ein heute als Ewenken bezeichnetes Volk, mit den wilden *tungus* und können deshalb auch sehr exakte und übereinstimmende Beschreibungen geben.

Die meisten Sichtungen entfallen auf den Herbst, wenn die Tundra die meiste Zeit in eine Art Zwielicht getaucht ist. Die *tungus* werden stets als sehr groß (ca. 2 m) beschrieben, was uns nicht übertrieben vorkommt. Dabei muß man allerdings bedenken, daß sowohl die Tungusen als auch die Samojeden eher kleinwüchsige Menschen sind. Die *tungus* hausen im Nadelwald, angeblich unter vorspringenden Baumwurzeln (eine Vorstellung, die übrigens auch in mittelalterlichen Wildmenschenlegenden auftaucht), und können nicht sprechen, wohl aber pfeifen; sie stoßen unartikulierte Schreie und Rufe aus, die zuweilen wie »ru-ru-ru« klingen sollen. Im Jahre 1962 schleuderte ein *tungu* Sand in das Zelt eines Hirten und ließ seinen typischen Schrei erschallen –

aber keiner der Zeltinsassen wagte sich hinaus. Der betreffende Hirte, Jewgenij Grigorjewitsch Tog, hatte schon früher, nämlich 1929, *tungu*-Fußspuren gesehen und beschrieb sie als ziemlich lang und schmal.
Aus dem bisher Gesagten könnte man den Schluß ziehen, daß es hinlängliche Beweise für die Existenz eines yetiartigen Primaten *(tungu)* in Westsibirien gibt, der sich in seiner Haarfarbe und seiner Vorliebe für Wasser ein wenig von seinen »Artgenossen« im Himalaja und in China unterscheidet. Er scheint in den Nadelwaldgebieten südlich der Tundra heimisch sein, und zwar in dem Teil Sibiriens, den viele Stromsysteme durchziehen. Viele von Rentierhirten und Fischern gemeldete Sichtungen wirken authentisch, obwohl ihnen zweifellos auch ein märchenhafter Zug anhaftet. Doch alles in allem spricht die Häufigkeit sehr ähnlicher Berichte aus einem so ausgedehnten Gebiet dafür, daß an der Sache einfach etwas dran sein muß.

Die Geschichten über ein großes yetiartiges Lebewesen sind bis in den äußersten Osten der Sowjetunion verbreitet. Aleksandra Burtsewa, eine Ingenieurin, hat vor kurzem einige interessante Berichte aus dieser Region zusammengetragen. Diese stammen aus den Wohngebieten der Tschuktschen und Lamuten (Ewenken) auf der Tschuktschen-Halbinsel, die in die Beringsee hineinragt.[2] Diese Leute sind ebenfalls zum größten Teil Rentierhirten, in deren Überlieferung ein großes menschenähnliches Lebewesen eine Rolle spielt. Die Lamuten nennen es *Mirygdy* (»Breitschultriger«) und schildern es als hochgewachsen, halslos, behaart und scheu. Wenn ein Jäger einen Teil seiner Beute zurückläßt, um ihn am nächsten Tag zu holen, muß er oftmals feststellen, daß das Wildpret verschwunden ist und daß große Fußspuren den Boden rings um die Stelle bedecken, an der es lag.
Der *Mirygdy* verzehrt offensichtlich rohes Fleisch. Dabei reißt er jedoch, im Gegensatz zum Wolf, der dazu sein Gebiß benutzt, wie ein Primat mit den Händen Fleischstücke heraus und führt sie zum Mund. Das Geschöpf läßt sich nur im Sommer blicken, was in dieser subarktischen Tundra eigentlich kein Wunder ist, und wird niemals bejagt. Eine andere Spielart ist der *Kiltanja* (»Glotzauge«), der große Augen, einen schmalen Nasenrücken und große Füße (ca. 45 cm) mit schlanker Ferse und normalen Zehen besitzt. Auch er lebt in den Bergen, nährt sich von rohem Fleisch und betätigt sich als Wilddieb. Er hat jedoch noch nie Menschen belästigt. Ein lamutischer Polizist berichtete, daß kurz vor dem letzten Krieg ein altes Ehepaar, das am Oberlauf des Flusses Maina lebte, in zwei aufeinanderfolgenden November- oder Dezembernächten von einem geheimnisvollen Wesen aufgesucht wurde, das bei den Hunden ein wildes Gebell auslöste. Es war so finster, daß die beiden nichts erkennen konnten.
Am nächsten Morgen stellten sie jedoch fest, daß der Besucher einige Fische gestohlen und viele menschlich wirkende Fußabdrücke von etwa 45 cm Länge

hinterlassen hatte. Die fremdartigen Lebewesen kommen angeblich im gesamten Tschuktschen-Gebiet vor, werden aber unterschiedlich benannt, nicht nur *Mirygdy* und *Kiltanja,* sondern auch *Teryk* (»Dämmerungsmensch«), *Girkytschawylin* (»Renner«), *Arynk* oder *Arysa* (»Steppenmensch«), *Rechem* oder *Dschulin* (»Spitzkopf«) usw. Viele dieser »Yeti«-Geschichten haben einen mythischen Beigeschmack, könnten aber sehr wohl auf tatsächlichen Beobachtungen beruhen.

Die Beweise für die Existenz eines großen menschenähnlichen Lebewesens in Ostsibirien, insbesondere in der Jakuten-Region und im Werchojansker Gebirge, sind hingegen sehr viel überzeugender. Auch hier liegen vielerlei Sichtungen durch Einheimische (Tungusen und Jakuten) vor, daneben auch vereinzelte Beobachtungen durch Außenstehende. Die Dichte der Augenzeugenberichte ist jedoch erheblich größer als im westlichen Sibirien, und die Beschreibungen der Wildmenschen sind ebenfalls sehr viel detaillierter. Wir befinden uns hier in einer extremen Klimazone – Werchojansk selbst kann sich rühmen, einer der kältesten Orte der Erde zu sein, mit mittleren Januartemperaturen von –50 °C und einem absoluten Minimum (1892) von –68 °C.

Die Winter sind nicht nur sehr kalt, sondern auch sehr lang. Die registrierten Sichtungen der Wildmenschen, die hier *Chuchunaa* (Tschutschunaa) heißen,[3] entfallen hier auf alle Monate mit Ausnahme der beiden kältesten, in denen vermutlich alle, Menschen wie Hominiden, möglichst in ihrem Winterversteck bleiben. Die Werchojansker Berge erstrecken sich über rund 1 200 km und sind noch weitgehend unerforscht. Das Gebiet ist zum großen Teil auch noch nicht kartografiert, ja selbst die tatsächliche Höhe der meisten Gipfel ist unbekannt. Fast alle Lebewesen, die sich unter solch extremen Klimabedingungen zu behaupten vermögen, könnten jahrtausendelang unentdeckt geblieben sein. Denn erst seit dem Beginn der Ausbeutung der sibirischen Bodenschätze und Wälder, der in die Nachkriegszeit fällt, dringt außer den wenigen Rentierhirten überhaupt jemand in diese Bergwelt vor.

Die Chuchunaa-Sichtungen beschränken sich auf ein genau begrenztes Gebiet zwischen den Massiven östlich der Flüsse Jana und Indigirka und konzentrieren sich vor allem auf das Werchojansker und Polustnaja-Gebirge. Der folgende Bericht ist typisch für die tungusischen Rentierhirten und stammt von Tatjana Iljinitschna Sacharowa:

»Nach der Revolution, in den zwanziger Jahren, begegneten die Einwohner unseres Dorfes beim Beerensammeln einem Chuchunaa. Er pflückte ebenfalls Beeren mit beiden Händen und stopfte sie sich in den Mund. Als er die Menschen sah, richtete er sich gerade auf. Er war sehr groß (wohl etwas über 2 m) und hager. Er trug ein Hirschfell und war barfuß. Er hatte sehr lange Arme und auf dem Kopf wirres Haar. Sein Gesicht war groß, wie das eines Menschen, aber dunkel. Seine Stirn war klein und hing wie eine spitze Kappe über seine Augen herab. Er hatte ein großes Kinn, breiter und größer als das eines

Menschen. Alles in allem glich er einem Mann, war aber viel größer. Nach einer Sekunde rannte er davon. Er lief sehr schnell und machte nach jedem dritten Schritt einen Satz.«

Dieser Bericht ist aus verschiedenen Gründen aufschlußreich und, wie die meisten jakutischen Sichtungen, geographisch und zeitlich gut lokalisierbar. Es ist offenkundig, daß es sich bei dem Chuchunaa um einen Hominiden handelte, und zwar um eines der wenigen bekleideten Exemplare, die beobachtet wurden; dies ist vielleicht eine Anpassung an das strenge Klima. Der Verzehr von pflanzlicher Kost ist uns schon von den Almas her bekannt, desgleichen die überhängende Stirn und der große Unterkiefer. Aber die in diesem und anderen Chuchunaa-Berichten angegebene Körpergröße liegt erheblich über der des Almas.

Wie alle Wildmenschen hat auch der Chuchunaa eine Fülle von Märchen und Legenden entstehen lassen, die man manchmal ziemlich eindeutig als phantasievolle Ausschmückung einer echten Sichtung identifizieren kann. Die zugrunde liegenden Geschichten sind vielfach abgewandelt worden, so zum Beispiel handelt ein Bericht der Tungusen von Us-Jana von einem Chuchunaa, der in eine Scheune einbrach und die dort aufbewahrten Vorräte stahl. Zu seinem Pech hatte es in derselben Nacht geschneit, so daß die Tungusen am anderen Morgen seiner Fährte nachgehen konnten, bis zu einer Höhle in den Bergen, wo er gerade seine Beute verzehrte. Unbewaffnet und unfähig, Widerstand zu leisten, »fiel er zu Boden, als wollte er um Gnade flehen, und er sagte etwas in einer wirren Sprache, die wie Tierlaute klang, und entblößte sein Gebiß«. Doch es half ihm nichts, er wurde von den Tungusen mit einem Speer durchbohrt. Viele Menschen berichten, sie hätten die Rufe und das schrille Pfeifen in den Bergen gehört, und andere Geschichten handeln von Jägern, die einen Chuchunaa getötet haben sollen.

Der Chuchunaa taucht nicht nur in Volkserzählungen auf, sondern auch in den weit prosaischeren Niederschriften von Parteisekretären und in Berichten an vorgesetzte Behörden. Es ist sogar belegt, daß sich 1928 sowohl die Kommission für Jakutische Angelegenheiten des Allrussischen Zentralen Exekutivausschusses als auch das Zentralkomitee der Kommunistischen Partei für dieses Geschöpf interessierten. Ein Kommissionsmitglied, A. N. Asatkin aus Wladimirskij, verlieh sogar in Moskau seiner Verwunderung darüber Ausdruck, daß sich noch niemand um diese »Leute« gekümmert habe.

Einige Einheimische glauben, die Chuchunaa-Population umfasse einerseits kräftige, gesunde Individuen und andererseits auch einzelne magere und schwächliche, die an einer bestimmten Krankheit litten. Gleichlautende Aussagen haben auch die Wissenschaftler registriert, die hin und wieder die Gegend besuchen. In einer dieser Aussagen heißt es, im Süden Ostsibiriens würden die Chuchunaas als *Mulen* bezeichnet, und sie hätten große Ähnlichkeit mit primitiven Menschen.[4] Im Dschugdschur-Gebirge folgen die Mulen den

Reisenden und warten, bis diese ihr Nachtlager aufschlagen. Sobald sie am Feuer sitzen und zu Abend essen, schleichen sich die Mulen, die manchmal mit einem Bogen oder mit Steinen bewaffnet sind, an und gehen zum Angriff über. Diese Mulen sind bei den Einheimischen sehr gefürchtet und werden gelegentlich von ihnen auch umgebracht. Die Schilderung eines solchen Mulen ist überaus lesenswert.[5]

»Er ist kleiner als ein normaler Mensch [andere meinen, er sei größer]. Sein Haar ist ungepflegt und sein Gesicht größtenteils behaart. Er trägt Tierfelle mit der Haarseite nach außen. An den Füßen hat er so etwas Ähnliches wie Hirschlederstiefel, und als Mütze schlingt er sich ein Band um den Kopf. Manchmal besteht die Kleidung aus ungegerbter Haut, so zum Beispiel der Mantel, die Hose und die Stiefel, welche die Tungusen vor etwa fünf oder sechs Jahren [ca. 1930] einem Mulen abgenommen haben, den sie getötet hatten. Als Waffe besitzt er einen Bogen und ungefähr 100 befiederte Pfeile mit speziellen Spitzen, deren Herstellung unbekannt ist. Er trägt sie über der Schulter in einer besonderen Scheide oder einem Beutel [Köcher]. An seinem Gürtel hängt ein Messer aus Metall, ähnlich denen, welche wilde, unzivilisierte Völker anfertigen. Er kennt den Feuerstein. Manchmal hat er auch noch einen Speer mit einer Spitze unbekannter Machart. [Die im Norden lebenden Chuchunaas besitzen Messer, Feuerstein und Speere.] Oft sieht man ihn nur mit Stöcken und Steinen bewaffnet. Er bringt unzusammenhängende und unartikulierte Laute hervor. Wenn der Mulen sich an ein Lager von Reisenden oder die Zelte der Einheimischen angeschlichen hat, schießt er mit seinem Bogen oder wirft mit Steinen. Er hat die Angewohnheit, unaufhörlich zu schießen, bis alle seine Pfeile aufgebraucht sind. Wenn ihm die Pfeile ausgegangen sind, flüchtet er. Er schießt aus einer Entfernung von 15 bis 20 Saschen [etwa 32 bis 43 m]. Er haust angeblich in Höhlen.«

Bezeichnenderweise soll das Wort Mulen auch die Bedeutung »Bandit« haben. Sowohl die Jakuten als auch die Tungusen sprechen ungern über solche Zusammenstöße, vor allem, wenn sie tödlich endeten, da sie befürchten, in solchen Fällen wegen Mordes belangt zu werden. Es kursieren auch Gerüchte, daß viele Mulen in Jakutien während des Bürgerkriegs umgebracht wurden, als die Menschen begannen, in bis dahin unbewohnte Regionen vorzudringen. In der Zarenzeit und während des Zweiten Weltkrieges veranstaltete man regelrechte Chuchunaa-Jagden, und die Leichen der vielen Opfer wurden heimlich verscharrt.

Schon im März 1929 legten zwei angesehene Wissenschaftler einen Bericht über die Mulen und Chuchunaas vor, und zwar der Kommission für die Erfassung und Erforschung der Natürlichen und Historischen Sehenswürdigkeiten, die der westsibirischen Sektion der Russischen Geographischen Gesellschaft angegliedert ist. Dieser Bericht empfahl eine eingehende Untersuchung und schlug vor, man solle endlich mit der systematischen Erforschung dieser

»Menschen« anfangen, bevor sie völlig ausgestorben seien. Doch abgesehen von ein paar Zeitungsartikeln und Pressenotizen geschah nur sehr wenig, bis Puschkarew in den siebziger Jahren seine Arbeit aufnahm, von der wir bereits im Zusammenhang mit yetiähnlichen Lebewesen gesprochen haben und die das allgemeine Interesse wieder aufleben ließ. Aber auch in der Zwischenzeit hat man weiter einschlägige Berichte gesammelt. Es folgt eine Geschichte, die Iwan Iwanowitsch Lukschin erzählte und G. U. Ergis am 15. August 1955 im Dorf Pokrowsk aufzeichnete.[6] Der Gewährsmann hatte die Oberschule besucht und lebte als Rentner in der Siedlung Malschegar in der Region Olekmin.

»Ein Chuchunaa, der einen anderen Chuchunaa auf dem Rücken trug, kam im Winter zu einer Tungusenfamilie. Er legte den Mann, den er getragen hatte, auf ein Herdlager und deutete durch eine Geste an, daß der Mann sich ein Bein gebrochen hatte. Er berichtete in seiner Gebärdensprache: ›Er ist zu einer Bergziege hinaufgekrochen, die auf einem Felsen stand, und packte sie bei den Hörnern. Die Ziege geriet in Panik und sprang vom Felsendach auf die Felswand, und der Mann brach sich beim Sturz das Bein.‹

Sie blieben den Winter über bei der Familie. Der Chuchunaa mit dem gebrochenen Bein mußte den ganzen Winter liegen, und das Bein heilte, blieb aber verkrüppelt. Der gesunde Chuchunaa konnte sehr schnell laufen und war ein hervorragender Jäger. Die Hirsche und Bergziegen, die er erlegte, hievte er sich auf die Schultern. Er erlegte sie allesamt mit Pfeil und Bogen; die Leute sagten, er habe keine Feuerwaffen gekannt. Er sagte [d. h. er drückte es in seiner Gebärdensprache aus]: ›Wir leben in den Felsenbergen. Wir kennen das Feuer nicht. Wir wohnen in Höhlen. Wir leben ausschließlich von der Jagd. Wir bestreiten unseren Lebensunterhalt mit wilden Hirschen, essen ihr Fleisch roh und tragen ihr Fell. Wir tragen das Fell als Ganzes: den Kopf als Mütze, die Vorderläufe an den Armen und die Hinterläufe als Hosen und Schuhe‹ – das soll er erzählt haben. Der Frühling kam, und eines warmen Tages verschwanden die Chuchunaas. Der Gesunde verließ das Haus und rannte nach Westen, und der lahme Chuchunaa hüpfte auf einem Bein hinter ihm her. Sie nahmen keinerlei Vorräte für die Reise mit. Sie sagten, sie würden sich unterwegs vom Jagen ernähren.«

Was ergibt sich aus einem solchen Bericht? Offensichtlich sind der Chuchunaa und der Mulen menschliche Wesen oder Hominiden, und sie stehen zivilisatorisch weit über den anderen Wildmenschen, die wir bisher kennengelernt haben. Die Berichte aus den verschiedenen Gegenden Ostsibiriens weichen zwar geringfügig voneinander ab, aber der archetypische Chuchunaa wird durchweg als groß, kräftig gebaut, mit Fellen bekleidet und langhaarig beschrieben. Die Chuchunaas gehen den Menschen aus dem Weg und ernähren sich von der Jagd mit Pfeil und Bogen, plündern allerdings hin und wieder auch Vorratskeller.

Sie scheinen ein Nomadenleben zu führen – eine alljährliche Wanderbewegung nach Süden während des Sommers ist belegt – und treten in dünnbesiedelten Gebieten entweder einzeln oder in kleinen Gruppen auf. Sie kennen das Feuer, und der durchdringende Pfeiflaut, der in den Geschichten immer wiederkehrt und noch typischer für die yetiähnlichen Primaten ist, wird als eine Art »Kriegsruf« gedeutet. Sie sind offenbar gleichfalls vom Aussterben bedroht. Bereits 1933 setzte sich Professor P. Dravert für die Einstellung der Jagd auf diese Wildmenschen ein; er verwies darauf, daß sie wie alle Bürger der UdSSR den Schutz des Gesetzes genießen müßten.

Sind die Chuchunaas/Mulen noch unentdeckte und unklassifizierte »primitive« Menschen? Ihr Vorkommensgebiet ist wahrscheinlich die am wenigsten erforschte Region der Erde; das Überleben von Volksstämmen, die als Jäger in ähnlich entlegenen Weltgegenden heimisch sind, etwa im Amazonasbecken oder auf Neuguinea, ist jedoch inzwischen eine historische Tatsache. Man hat die Vermutung geäußert, die Chuchunaas seien in Wirklichkeit Angehörige der in Sibirien vertretenen Völkerschaften und hätten sich aus unerfindlichen Gründen in »Barbaren«, in Wildmenschen zurückverwandelt. Weshalb eine solche Rückentwicklung stattgefunden haben soll, zumal in einem so unwirtlichen Gebiet, wo die Segnungen des technischen Fortschritts über Überleben und Aussterben entscheiden können, läßt sich nicht befriedigend erklären. Auf jeden Fall wäre es einmalig, daß ein gesamtes Volk von vollwertigen Menschen das Sprachvermögen eingebüßt haben und zu einer Verständigung mittels »unartikulierter Laute« zurückgekehrt sein soll.

Einleuchtender ist die These, daß diese sibirischen Hominiden eine frühere Stufe der Menschheitsentwicklung repräsentieren, vielleicht die des Neandertalers. Ihr Gebrauch von (primitiven) Waffen aus Metall könnte in der Tat auf Neandertaler hindeuten, die eine gewisse technische Entwicklung durchgemacht haben. Damit entfiele auch ein Einwand, der häufig gegen die Gleichsetzung von Wildmenschen und Neandertalern vorgebracht wird, nämlich der, daß es nur wenige Berichte über Werkzeuggebrauch gäbe, was auf einen kulturellen Rückschritt schließen lasse. Doch sind die Chuchunaas, deren Körpergröße durchweg mit mindestens zwei Meter angegeben wird, zu groß im Vergleich zum normalen Neandertaler (Durchschnittsgröße 1,65 m).

Im übrigen gibt es, wie im nächsten Kapitel dargelegt werden soll, stichhaltigere Gründe, die Neandertaler mit den Almas in Beziehung zu setzen. Nach dem derzeitigen Wissensstand sind die Almas jedoch nicht identisch mit den Chuchunaas. Mulen und Chuchunaas bleiben somit fürs erste ein noch ungelöstes Rätsel; sie stehen in irgendeiner Form dem Stammbaum des Menschen nahe, doch Genaueres wissen wir darüber noch nicht. Skelettreste sind offensichtlich hin und wieder entdeckt worden, insbesondere im Adytscha-Becken, dem Kerngebiet der Chuchunaas, und wenn es gelingen sollte, einen solchen Fund wissenschaftlich zu untersuchen, könnten wir das Rätsel vielleicht lösen.

IX.
ALMAS UND NEANDERTALER

Der Gedanke, bei den Wildmenschen könnte es sich um primitive Hominiden handeln, die bis heute überlebten, ist nicht neu. Schon Linné ging, wie wir gesehen haben, im 18. Jahrhundert davon aus, daß die Menschheit aus drei Arten bestehe, nämlich aus dem zivilisierten Menschen *(Homo sapiens)* und den wilden Menschen *(Homo troglodytes und Homo ferus).*

Im 20. Jahrhundert entwickelte Boris Porschnew seine Hominidenthese in einer Vielzahl von Aufsätzen und Büchern. Das Problematische seiner Theorien besteht darin, daß er alle rezenten Wildmenschen in die Troglodytengruppe stellen will, ungeachtet der Tatsache, daß einige Sichtungen ganz eindeutig auf nichtmenschliche, affenähnliche Arten hindeuten. Aus den vorangehenden Kapiteln über den Yeti und den Sasquatch sollte inzwischen klargeworden sein, daß diese Lebewesen, wie immer sie auch eingeordnet werden müssen, keine Hominiden sind, daß sie also ebensowenig wie die Gorillas oder Schimpansen als *menschenartige* Geschöpfe angesehen werden können.

Doch wie steht es mit dem Almas, den man in der Mongolei, im Kaukasus und im Pamir beobachtet hat? Könnten sie vielleicht Hominiden sein? Porschnew glaubte fest daran, daß der Neandertaler in Asien überdauert habe, und in diesem Kapitel soll nun versucht werden, diese Behauptung zu überprüfen. Außerdem ist zu untersuchen, ob ein Zusammenhang zwischen Almas und Neandertaler besteht, und wenn ja, welcher.

Was bedeutet eigentlich der Begriff »Neandertaler«? Er läßt sich gleicherweise auf eine Evolutionsstufe, einen anthropologischen Habitus oder eine biologische Erscheinungsform anwenden. Ich benutze ihn hier für all jene Hominiden, deren Überreste eine weitgehende Übereinstimmung mit dem berühmten Typusfossil des *Homo sapiens neanderthalensis* aufweisen, das 1856 in einer Höhle im Neandertal bei Düsseldorf entdeckt wurde. Leider gehörte dieses Skelett, das erste einer ganzen Serie, einem extremen Typ an, dem sogenannten »klassischen« Neandertalertyp, der seither das Bild des Neandertalers sowohl in der Öffentlichkeit als auch in Fachkreisen geprägt hat. Der »klassische« Neandertaler entwickelte sich vor ungefähr 70 000 Jahren in Europa als eine spezialisierte Anpassungsform an die kalten und strengen Umweltbedingungen, die damals herrschten.

Aber die ursprüngliche Gestalt der Spezies war bereits lange vorher aufgetreten – vielleicht vor rund 125 000 Jahren oder gar vor doppelt so langer Zeit, falls man die Schädelfragmente aus Swanscombe in Kent einem frühen Neandertaler zuschreibt. Die »nichtklassischen« Neandertaler verbreiteten sich über weite Gebiete Europas, des Nahen Ostens und Asiens und bildeten die Masse der Neandertalerpopulationen, die bis vor 30 000 Jahren Eurasien beherrschten. Im 19. Jahrhundert nahm man jedoch an, daß der westeuropäische »klassische« Neandertaler der typische Vertreter der Art sei.

Die Kopfform des »klassischen« Neandertalers ist unverwechselbar: Sein langer, flachgewölbter Schädel mit den kräftigen Wülsten über den Augen, dem

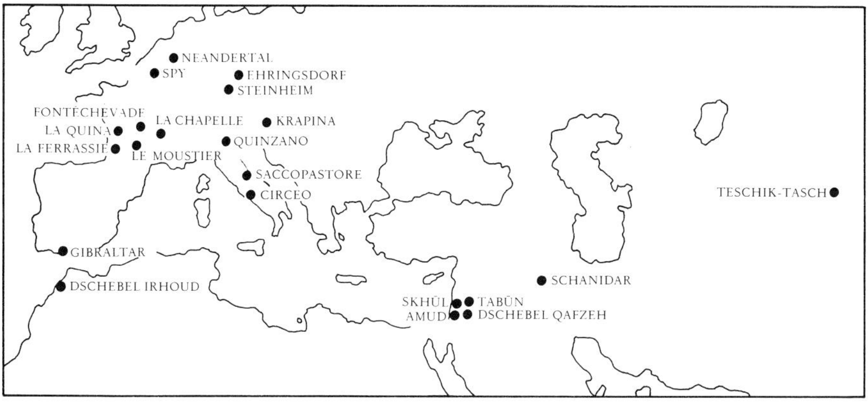

65 Die wichtigsten Neandertalerfundstätten in Europa und Westasien.

fliehenden Kinn, dem vorstehenden Unterkiefer und den großen Zähnen unterscheidet sich stark von dem runderen Schädel und der fast senkrechten Stirn des modernen Menschen. Diese Neandertalermerkmale wurden von einigen älteren Anatomen als mongoloid angesehen. Dies führte zu der Annahme, daß es sich bei dem Geschöpf aus dem Neandertal gar nicht um einen frühen fossilen Menschentyp, sondern um einen vergleichsweise neuen Menschen mit flachem Schädel und O-Beinen, vielleicht einen mongolischen Kosaken, handeln könnte. Seine Anwesenheit in der Höhle versuchte man mit der Hypothese zu erklären, der Mann sei aus der russischen Armee desertiert, nachdem diese Napoleon 1814 über den Rhein getrieben hatte, und in die Höhle gekrochen, um dort zu sterben.

Kaum jemand, nicht einmal Geologen vom Range eines Charles Lyell, des »Vaters der modernen Geologie«, wollten zugeben, daß das Skelett wirklich alt war, und noch viel weniger, daß es einen Vorläufer des neuzeitlichen Menschen darstellte. Bedauerlicherweise hatte man bei diesem ersten Neandertaler weder Steinwerkzeuge noch Knochen von ausgestorbenen Tieren gefunden, die einen schlüssigen Hinweis auf sein hohes Alter hätten geben können. Erst als ungefähr zehn Jahre später ein ähnliches Skelett im belgischen Spy ausgegraben wurde, entschloß man sich zu einem Kompromiß. Obwohl dieser Fund von den entsprechenden Werkzeugen und Tierresten begleitet war, erklärte man die Ähnlichkeit zwischen beiden Skeletten zunächst als bloßen Zufall. Erst spätere Funde, die zwischen 1908 und 1921 in den fossilreichen Kalksteinhöhlen der Dordogne in Mittelfrankreich gemacht wurden, veränderten das Bild nachhaltig, aber die Fachgelehrten sind sich auch heute noch nicht einig darüber, ob der Neandertaler unser direkter Vorfahre oder einfach nur ein naher Verwandter ist.

Wie sah der Neandertaler tatsächlich aus? Eine einheitliche Rekonstruktion,

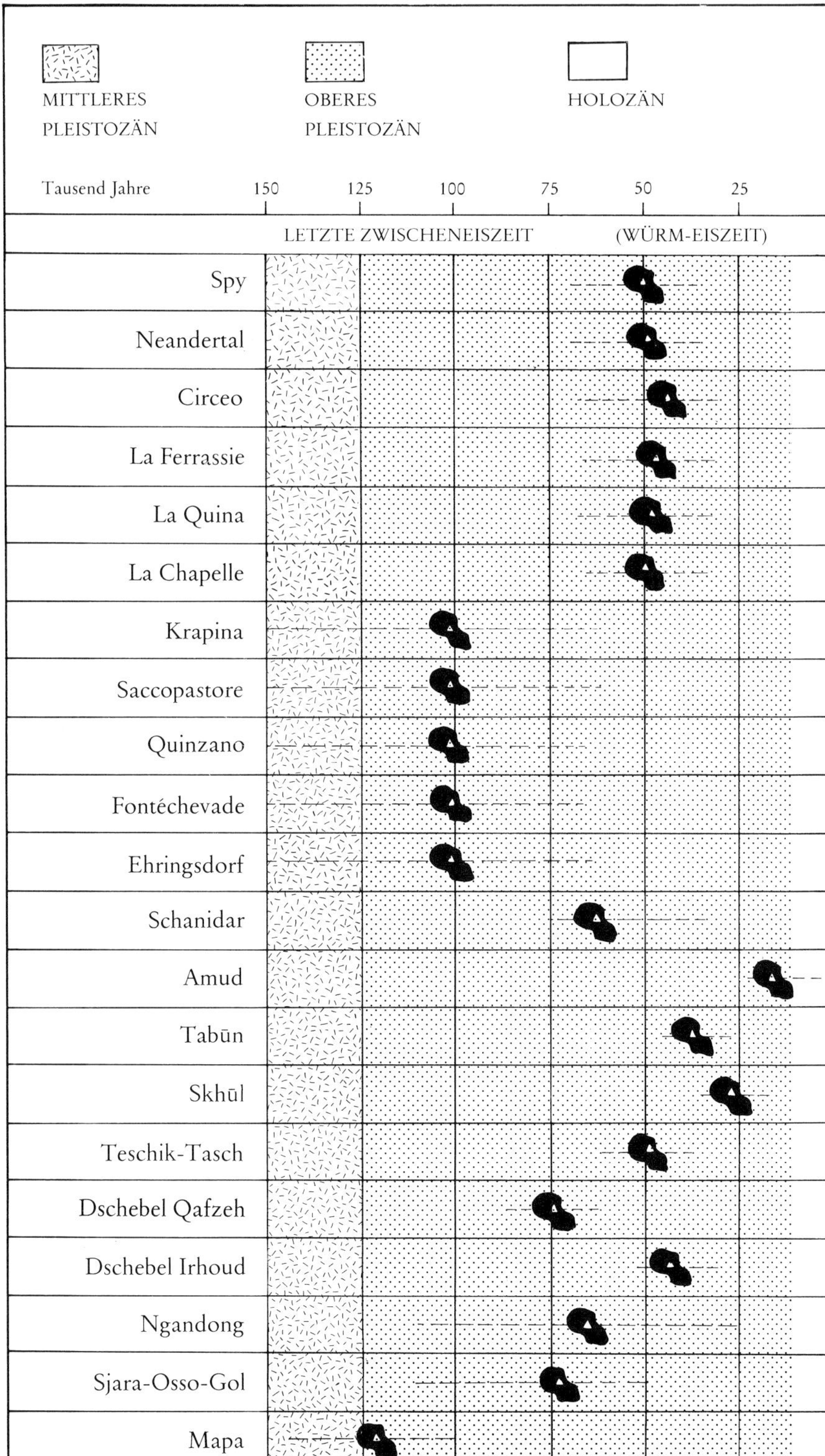
MITTLERES PLEISTOZÄN
OBERES PLEISTOZÄN
HOLOZÄN
Tausend Jahre
150
125
100
75
50
25
LETZTE ZWISCHENEISZEIT
(WÜRM-EISZEIT)
Spy
Neandertal
Circeo
La Ferrassie
La Quina
La Chapelle
Krapina
Saccopastore
Quinzano
Fontéchevade
Ehringsdorf
Schanidar
Amud
Tabūn
Skhūl
Teschik-Tasch
Dschebel Qafzeh
Dschebel Irhoud
Ngandong
Sjara-Osso-Gol
Mapa

die sämtliche Hominidenvarianten erfassen würde, ist unmöglich, weil eine Neandertalerpopulation sicherlich eine ebenso große Formen-, Größen- und Farbenvielfalt aufwies wie eine beliebige moderne Menschengruppe. Der durchschnittliche Neandertaler war kleiner als wir (etwa 1,65 m) und besaß einen tonnenförmigen Brustkasten und einen Körper mit kräftiger Muskulatur. Doch von diesem Grundtyp existierten zahlreiche Varianten. Die beste Lösung ist, einzelne Skelette zu untersuchen und aus ihnen individuelle Porträts abzuleiten.

In letzter Zeit ist viel geschehen, um die komplizierte Beziehung zwischen dem Knochenbau eines Menschen und seinem tatsächlichen Erscheinungsbild aufzuhellen. Neben der Grundstruktur des Schädels benötigt man dazu Details der Körperproportionen und der Körperhaltung. Die verschiedenen Generationen von Anatomen haben unterschiedliche Vorstellungen darüber entwickelt, wie eine Rekonstruktion auszusehen habe. Das relativ vollständige Skelett eines erwachsenen Mannes, das 1908 in La-Chapelle-aux-Saints in Frankreich entdeckt wurde, hat vielfach als Modell eines Neandertalers herhalten müssen. Unglücklicherweise wurde die Rekonstruktion von dem französischen Paläontologen Marcellin Boule ausgeführt, der es darauf anlegte, das Resultat dem Bild eines Menschenaffen anzunähern. Er setzte die Wirbelsäule so zusammen, daß es dem betreffenden Geschöpf unmöglich gewesen wäre, jemals aufrecht zu gehen, und der Kopf wurde auf dem Hals so weit vorne plaziert, daß der Mann als Buckliger erscheinen mußte, der sich mit gebogenen Knien auf den Außenkanten seiner Füße fortbewegte.

Boule ließ jedoch einige der bereits beschriebenen charakteristischen Neandertalermerkmale gelten, und er berechnete das Gehirnvolumen korrekt mit 1 450 cm^3. (Die allgemein akzeptierten Werte für das Neandertalergehirn schwanken zwischen 1 300 und 1 600 cm^3, sind also dem des modernen Menschen vergleichbar.) Eine Überprüfung des Skeletts von La Chapelle durch zwei amerikanische Anthropologen ergab 1957, daß es sich tatsächlich um die Überreste eines Mannes von vielleicht 40 bis 50 Jahren handelte, der jedoch an einer chronischen Arthritis des Kiefers, der Beine und des Rückgrats litt. Wenn man diese Tatsache berücksichtigt, deutet nichts mehr darauf hin, daß sich seine Körperhaltung von der eines Jetztmenschen unterschieden habe.

Neue Erkenntnisse zur Anatomie der Neandertaler und neue Funde haben zu einer teilweisen Korrektur der Rekonstruktionen geführt. Die Ausgrabungen haben überdies gezeigt, daß die Neandertaler einen hochentwickelten Gemeinschaftssinn besaßen, der ein affenähnliches Auftreten unangemessen erscheinen läßt. Ritualgräber, wie man sie in Fundstätten wie Teschik-Tasch in Rußland und in La Ferrassie in Frankreich freigelegt hat, bezeugen einen ganz und gar menschlichen Respekt vor dem Verstorbenen und den Glauben an ein

6 Die Datierung der wichtigsten Neandertalerfunde.

Leben nach dem Tod. Es ist freilich durchaus möglich, daß wir heute in das entgegengesetzte Extrem verfallen sind. Das Neandertalermodell, das der Anthropologe Richard Leakey 1978 entwarf, trägt ausgesprochen menschliche Züge. Die üppige Körper- und Kopfbehaarung, die man früher für selbstverständlich hielt, ist verschwunden, und der Künstler war bestrebt, das Erscheinungsbild eines widerstandsfähigen, derben Bergbewohners zu treffen.[1]

Die Ausstellung »Die Stellung des Menschen in der Humanevolution« im British Museum (Natural History) in London zeigt die ausgezeichnete Rekonstruktion einer Neandertalerin, die auf einem 41 000 Jahre alten weiblichen Skelett aus Tabūn am Berg Karmel in Israel basiert. Die Arbeit an diesem Modell beanspruchte fast drei Monate und begann mit sorgfältigen Messungen zur exakten Bestimmung der Länge der Gliedmaßen. Sobald die anatomischen Details festlagen, erfolgt als nächster Schritt die Erstellung eines plastischen Stützgerüsts für das endgültige Modell. In diesem Fall benutzte man Holz und Stahl, und die Modellierung erfolgte mit schichtweise aufgetragenen Grobleinenstücken, die in Gips und Polystyrol eingetaucht wurden. Die letzten Feinheiten wie Hautstruktur, Haare und Gesichtszüge wurden mit Plastilin ausgearbeitet. Dieses Plastilinmodell war jedoch nur eine Vorstufe. Von ihm nahm man eine Gußform ab, die mit glasfaserverstärktem Kunststoff ausgegossen und bemalt wurde. Die fertige Rekonstruktion wirkt schlanker und weniger robust als Leakeys Neandertaler und zeigt eine auffallende Übereinstimmung mit den Almas-Beschreibungen.

Die heikelste Aufgabe bei solchen Unternehmungen ist zweifellos die Erzielung eines adäquaten Gesichtsausdrucks. Denn es ist schwierig, bei einem statischen Modell das ständig wechselnde Mienenspiel eines menschlichen Gesichts wiederzugeben oder auch nur die Konturen des Gesichts und die Größe und Form der Ohren, der Nase und der Augen exakt festzulegen. Bis vor kurzem hielten die Anatomen es für unmöglich, diese Gesichtsmerkmale allein anhand des Skeletts zu ermitteln. Aber der russische Anatom Michail Gerasimow bewies das Gegenteil, indem er einige der berühmtesten (und besten) Neandertalerrekonstruktionen anfertigte.[2] Das Verfahren, das er anwandte, beruhte darauf, daß er moderne menschliche Individuen benutzte, die ausreichend dokumentiert waren, so daß er mittels Röntgenaufnahmen, Fotos und Porträts die Ergebnisse seiner Arbeit überprüfen konnte.

Gerasimow legte besonderen Wert auf die Nachbildung jeder einzelnen Muskelgruppe, deren Größe und Position er unter Hinzuziehung moderner anatomischer Befunde genau berechnete. Er erzielte verblüffende Resultate, als er aufgefordert wurde, »blind« zu arbeiten, wobei er den Gesichtsausdruck von Leichen in unaufgeklärten Mordfällen und von verschiedenen historischen

57 Eine junge Neandertalerfrau aus der Höhle Tabūn am Berg Karmel in Israel, eine Rekonstruktion im British Museum (Natural History).

Persönlichkeiten rekonstruierte, unter anderem von Iwan dem Schrecklichen, dessen Konterfei den vorhandenen Porträts sehr ähnelt. Es spricht also vieles dafür, daß auch seine Neandertalermodelle dem ursprünglichen Erscheinungsbild sehr nahekommen.

Man vermutet, daß zum breiten Gesicht des Neandertalers eine große Nase gehörte, in deren überlangen Höhlen die kalte Luft »vorgewärmt« wurde. Das breite Gesicht könnte jedoch auch auf die Ernährungsweise des Neandertalers zurückgeführt werden. Es besteht ein recht enger Zusammenhang zwischen Nahrung und äußerer Erscheinung, und ein Wechsel der Ernährungsgewohnheiten kann in der Tat im Laufe mehrerer Generationen das Aussehen einer menschlichen Population leicht verändern. Das zähe Fleisch und die Pflanzenkost, die der Neandertaler zu sich nahm, setzten zweifellos ein großes und kräftiges Gebiß voraus, und die stark entwickelten Wülste über den Augen könnten dazu gedient haben, die massigen Kiefermuskeln zu stützen. Ebenso bildete wahrscheinlich auch die semmelförmige Ausbuchtung des Hinterkopfes eine Art Gegengewicht zu dem großen Gesicht. Und diese Gesichtsmerkmale – die kräftigen Wülste über den Augen und der mächtige Kiefer – kehren in sehr ähnlicher Form in den Beschreibungen des Almas immer wieder.

Der kurze, untersetzte Rumpf des Neandertalers wird vielfach als eine Klimaanpassung interpretiert. Bei den modernen Eskimos trifft man einen ähnlichen Körperbau an. Doch manche untersetzten Neandertaler lebten in einer tropischen und halbariden Umwelt, und in der sehr kalten Periode am Ende der Eiszeit war Europa von modern wirkenden Menschen besiedelt, deren Körperproportionen den unseren ähnelten. Deshalb ist die These von der Klimaanpassung nicht unbedingt plausibel.

Knochenfunde können uns überraschende Einblicke in die Lebensweise der Neandertaler eröffnen. Ihre Knöchel weisen beispielsweise häufig eine Veränderung auf, die man als »Hocker-Gelenkfläche« bezeichnet und die auch bei heutigen Jägervölkern verbreitet ist. Sie läßt den Schluß zu, daß die Neandertaler viel Zeit in hockender oder kauernder Stellung am Lagerfeuer zubrachten. Wir wissen auch, daß sie ein aktives und zuweilen gefährliches Leben führten. Sie jagten unter anderem Bergziegen und Steinböcke, die in felsigem Gebirge heimisch waren und deren Erlegung Geschicklichkeit und Verschlagenheit verlangte. Es ist somit nicht verwunderlich, daß die Skelettreste immer wieder Spuren von Knochenbrüchen zeigen. Die Tatsache, daß viele Frakturen gut verheilt sind, deutet jedoch darauf hin, daß die Neandertaler zumindest über anatomische Grundkenntnisse verfügten.

Die häufigsten Krankheiten – das heißt solche, die irgendwelche Spuren hinterlassen haben – scheinen Rachitis und Arthritis gewesen zu sein. Arthritis läßt sich sehr oft auch an den Knochen jener Neandertaler nachweisen, die in

8 Der russische Anatom Professor Michail Gerasimow beim Präparieren eines Skeletts.

wärmeren Klimazonen lebten. Die Rachitis, eine Vitaminmangelkrankheit, die Knochendeformationen und O-Beinigkeit zur Folge haben kann, war in der Frühzeit der Industrialisierung weit verbreitet, als die Kinder in den verräucherten Städten und stickigen Behausungen nicht genügend Sonnenlicht abbekamen. Die Ursache kann aber auch Mangel an Milch sein, die eine wichtige Vitamin-D-Quelle ist.

Es läßt sich jedoch nur schwer feststellen, warum diese Mangelkrankheit in den Zeiten der Neandertaler so häufig auftrat. Die Neandertalerkinder sind mit ziemlicher Sicherheit bis zu einem Alter von zwei oder drei Jahren gestillt worden, aber danach erhielten sie vermutlich kaum noch Milch. Kleinere Vitamin-D-Mengen können auch mit der Fleischnahrung aufgenommen werden. Der Mangel an Sonnenschein in den düsteren Zwischeneiszeiten mag ebenfalls eine Rolle gespielt haben. Die Neandertaler kannten auch noch nicht Bogen, Fischhaken und Harpune und konnten so nur ausnahmsweise Wildvögel, Fische oder Meerestiere erbeuten, die ja sehr wichtige Vitaminlieferanten darstellen. Mit dem Auftreten des modernen Menschen wurden diese Nahrungsmittel zu einem festen Bestandteil der Ernährung, und die Rachitisfälle nahmen drastisch ab.

Die urtümliche Lebensweise der Neandertaler scheint eine der Ursachen für die hohe Kindersterblichkeit gewesen zu sein. In 20 der 44 Grabstätten in Westeuropa und Vorderasien, die kürzlich genauer untersucht wurden, waren Kinder beigesetzt, die zumeist im Alter von fünf oder sechs Jahren gestorben waren. Das ist ein merkwürdiges Phänomen, denn dieses Sterbealter liegt höher als die vermeintlich schwierigsten Jahre der frühen Kindheit, in denen heutzutage die Sterblichkeit am höchsten ist. Vielleicht hat man aber bei früheren Ausgrabungen die Gräber von Kleinkindern übersehen, deren Knochen außerordentlich zerbrechlich sind.

Aus der Grabungsstätte im irakischen Schanidar hat man jedoch das Skelett eines Neandertalersäuglings geborgen, das nur knapp 5 cm dick war. Das Sterbealter könnte indes auch mit der Zeit zusammenfallen, in der die Neandertalerkinder ihre ersten Streifzüge in die Umgebung des Lagers unternahmen, da sie dann Gefahren ausgesetzt waren, die man bis dahin von ihnen ferngehalten hatte. In modernen Jägergesellschaften, etwa bei den Buschmännern in der Wüste Kalahari, müssen die Kinder körperlich frühreif sein, um sich behaupten zu können. Wenn unsere Kinder noch den Kindergarten besuchen, gehen die Buschmannsprößlinge schon mit ihren Vätern auf die Jagd und sind natürlich auch entsprechend gefährdet.

Selbst wer als Neandertaler die gefahrvollen Jahre der Kindheit überstand, hatte wenig Aussicht auf ein langes Leben. Von den rund 150 Neandertalern,

59 Neandertaler und Jetztmensch im Vergleich. Man beachte den gedrungenen, kräftig bemuskelten Körperbau und die starken Überaugenwülste des Neandertalers.

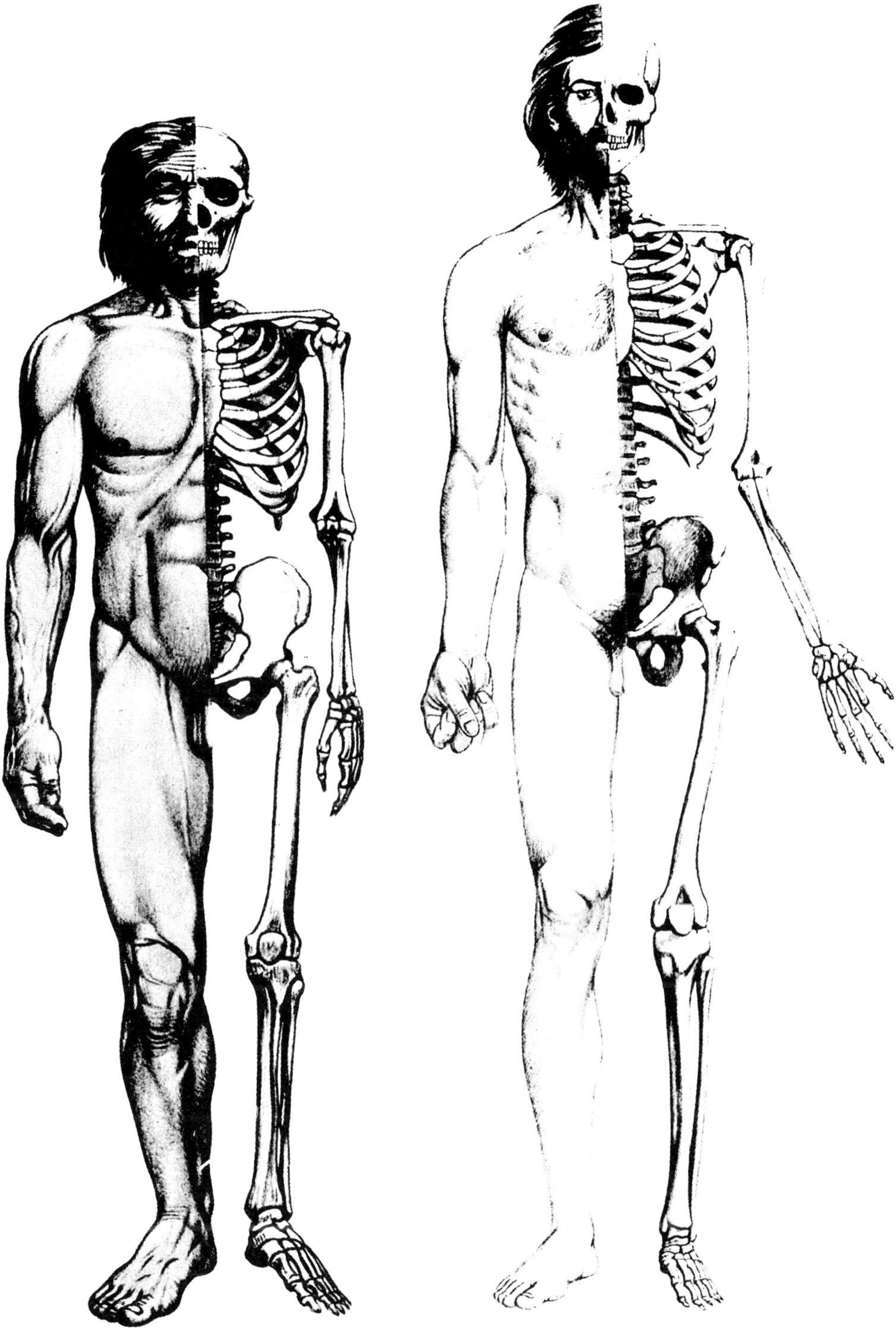

die wir kennen, wurden nur fünf Prozent älter als 50 Jahre. Die Männer starben im allgemeinen zwischen 30 und 40 und die Frauen noch früher, wahrscheinlich im Kindbett. Allerdings sind auch die modernen Menschen bis zum vorigen Jahrhundert im Durchschnitt nur 40 Jahre alt geworden.

In der Höhle von Kiik-Koba, einer von mehreren wichtigen Neandertalerfundstätten auf der Krim, die bezeichnenderweise in der Nähe der Gebiete liegt, in denen heute Almas beobachtet werden, entdeckte man die Überreste eines einjährigen Kindes neben denen eines Erwachsenen, vermutlich einer Frau. Das adulte Skelett war besonders aufschlußreich, denn die Knochen des rechten Beines, der beiden Füße und einer Hand hatten sich sehr gut erhalten. Die Hände der Neandertaler waren in mancher Hinsicht recht primitiv. Sie konnten, wie nicht anders zu erwarten, kräftig zupacken, waren aber nicht so beweglich wie die unsrigen. Es wäre zum Beispiel einem Neandertaler schwergefallen, einen Bleistift zu halten oder einen Schlüssel umzudrehen, da der Daumen nicht alle anderen Finger erreichen konnte. Die Fußknochen glichen eher den unseren, doch der Fuß der Neandertaler war breiter und die große Zehe ziemlich kurz. Echte Neandertalerfußspuren haben sich bis heute erhalten, und zwar im Schlammboden einer verschlossenen Höhle bei Toirano in der Nähe von Rom. Sie wurden 1950 bei Steinbrucharbeiten entdeckt.[3]

Zu den Werkzeugen der Neandertaler gehörten die verschiedensten Arten von Schabern und Bohrern. Diese fanden offenbar Verwendung bei der Bearbeitung von Fellen, Holz, Knochen und Geweihen. An mindestens zwei Grabungsstellen wurden Knochenahlen gefunden, die wohl zur Anfertigung von Kleidern dienten. Neandertaler, die in sehr kalten Zeiten Europa und Asien bewohnten, müssen sich von Kopf bis Fuß in Kleider gehüllt haben. Moderne Steinzeitjäger sind vielfach sehr stolz auf ihre Kleidungsstücke, so schlicht sie auch sein mögen, und wahrscheinlich waren die Neandertaler nicht minder eitel, was ihre Pelze angeht. Verschiedene Raubtierarten, darunter Bären und Löwen, scheinen ausschließlich ihres Felles wegen bejagt worden zu sein.

Im ungarischen Erd, das vor rund 40000 Jahren zu bestimmten Jahreszeiten bewohnt war, sind die Überreste von mehr als 500 Höhlenbären zutage gefördert worden. Anscheinend kamen die Jäger alljährlich zur rechten Zeit hierher, um die Bären nach dem Winterschlaf zu erlegen. Was sie jedoch mit den riesigen Mengen von Bärenfellen angestellt haben, bleibt ein Rätsel. Sie erbeuteten zweifellos viel zu viele für den eigenen Bedarf, aber vielleicht haben sie die überschüssigen Felle bei anderen Gruppen gegen irgendwelche Bedarfsartikel eingetauscht. Wenn dies zutrifft, haben wir hier den frühesten Beleg für Tauschhandel vor uns – eine Praxis, die offensichtlich auch von den Almas gepflegt wird.

Heftig umstritten ist nach wie vor die Frage, ob die Neandertaler sprechen konnten. Schon 1889 wurde die These aufgestellt, ihre Sprache sei primitiver gewesen als die unsere. Der moderne Mensch hätte niemals seine hochstehende soziale Organisation und Zivilisation entwickeln können ohne die Fähigkeit, differenzierte, abstrakte Begriffe auszutauschen. Einfache Warnrufe und andere Laute werden auch von anderen Primaten geäußert, aber der Mensch ist das einzige Lebewesen, das Lautäußerungen zur Übermittlung von Ideen verwendet. Manche Affen benutzen eine einfache visuelle »Sprache« mit bis zu 45 unterscheidbaren Gesten, und die Schimpansen können sogar zusammengesetzte Begriffe durch die Aneinanderreihung von Gesten ausdrücken, aber die menschliche Sprache ist dennoch unendlich komplexer.[4]

Es ist bis heute noch nicht geklärt, welche Beziehung im einzelnen zwischen Gehirngröße und -struktur und der Fähigkeit besteht, Symbole für Sachen zu setzen, aber es kann kein Zufall sein, daß die einzigen Tiere, die dazu imstande sind, ein Gehirn besitzen, dessen Volumen dem des Menschen entspricht. Als Beispiel hierfür gelten Delphine. Mit der allmählichen Zunahme der Hirnkapazität, die im Laufe der Menschheitsentwicklung erfolgte, muß auch ein wachsendes Ausdrucksvermögen einhergegangen sein. Dies bedeutet jedoch noch lange nicht, daß Sprechvermögen und abstrakte Sprache gleichzeitig entstanden sind.

Die meisten Fachleute glauben, daß der Neandertaler sprechen konnte. Zwei amerikanische Wissenschaftler vertreten jedoch die Ansicht, daß er nur etwa ein Zehntel der phonetischen Ausdrucksmittel des modernen Menschen besaß und lediglich über ein sehr begrenztes Repertoire von Lautäußerungen verfügte. Philip Lieberman, Linguistikprofessor an der Universität von Connecticut, und Edmund Crelin von der medizinischen Fakultät der Yale-Universität, kamen aufgrund eines umstrittenen Forschungsprojekts zu diesem erstaunlichen Ergebnis. Crelin untersuchte die verschiedenen Hominidenkehlköpfe und stellte fest, daß der Stimmapparat des Neandertalers (er stützte sich dabei auf das Exemplar von La-Chapelle-aux-Saints) dem eines adulten Menschenaffen oder menschlichen Kleinkindes nähersteht als dem eines erwachsenen Menschen.

Es ist möglich, einen Computer so zu programmieren, daß er die Relation zwischen der Größe und Form des Kehlkopfes und den Lauttypen ermittelt, die er hervorbringt, wobei moderne Stimmapparate und moderne Sprachen die Ausgangsbasis bilden. Lieberman tat genau dies, und er entdeckte, daß der Neandertaler nicht imstande war, die Konsonanten K und G sowie die Vokale in Wörtern wie BAR, BOO, BEEP und BOUGHT auszusprechen. Nur die bescheidenen Vokale in BIT, BAT, BET oder BUT blieben als sprachliche Grundelemente übrig.

Dieses Experiment steht nicht isoliert da. Ähnliche Rekonstruktionsversuche wurden bei älteren Fossilien angestellt, unter anderem bei *Australopithecus* und beim (vermutlich weiblichen) Steinheim-Menschen, der besonders wichtig ist, weil er die Hominidengruppe repräsentiert, die wir in anderem Zusammenhang als *Homo erectus* bezeichnet haben – und somit als Stammform sowohl des Neandertalers als auch des Jetztmenschen. Der Stimmapparat von *Australopithecus* ist mit dem eines rezenten Menschenaffen identisch, was man wohl nicht anders erwartet hat. Aber der Kehlkopf des Steinheim-Menschen ähnelt in Größe und Gestalt dem des modernen Menschen und weicht somit vom sehr viel primitiveren Kehlkopf des Neandertalers ab.

Wenn Lieberman und Crelin recht haben, dann befand sich der Neandertaler in einem erheblichen Evolutionsnachteil. Ihre Forschungsergebnisse sind allerdings heftig kritisiert worden. So hat man Lieberman zum Beispiel vorgeworfen, er habe seinen Experimenten nur das amerikanische Englisch zugrunde gelegt und andere moderne Sprachen mit abweichenden Vokalen und Konsonanten unberücksichtigt gelassen.

Die Wissenschaft befaßt sich gegenwärtig intensiv mit dem Zusammenhang zwischen Sprachvermögen und Intelligenz. Neben der entsprechenden Ausbildung des Stimmapparats ist eine bestimmte Gehirnleistung erforderlich, und es scheint, daß ungefähr 1 000 cm^3 Hirngewebe, das in der richtigen Weise angeordnet ist, eine wesentliche Vorbedingung sind. Dies liegt durchaus im Bereich des Neandertalers, der im Verhältnis zur Körpergröße ein ansehnliches Gehirn besaß.

Derzeit wird viel darüber spekuliert, welchen Anteil die rechte und linke Gehirnhälfte an der Sprache haben, und Veronika Kochetkowa, eine russische Autorität auf diesem Gebiet, hat soeben ein Buch veröffentlicht, in dem sie der Evolution des menschlichen Gehirns nachgeht. Interessant ist die Erkenntnis, daß jene Hirnteile, die mit der Sprache, der Bildvorstellung, der Urteilskraft und der manuellen Geschicklichkeit in Beziehung stehen, erst *nach* den Neandertalern an Umfang und Komplexität zugenommen haben. Der Übergang zum Jetztmenschen würde erst dann völlig einsichtig, wenn sich nachweisen ließe, daß die Entwicklung einer vollwertigen artikulierten Sprache im Zusammenhang mit den damals vorgehenden anatomischen Veränderungen steht.

Nicht alle Neandertaler können Probleme mit der Sprache gehabt haben. Die Hirnschädel von Broken Hill in Zimbabwe und von Saccopastore in Italien weisen Züge auf, die dem Schädel des modernen Menschen ähnlich sind. Die extreme Neandertalerschädelform, wie sie das La-Chapelle-Exemplar zeigt, war nicht die Norm. Lieberman und Crelin selbst haben den Stimmapparat eines »fortgeschrittenen« Neandertalers nach einem Fund vom Berg Karmel in Israel (Skūhl V) rekonstruiert und festgestellt, daß er »modern« war. Falls *einige* Neandertaler nicht über eine artikulierte Sprache verfügten, so ist dies ein interessanter Tatbestand, denn die »klassischen« (extremen) Formen haben in vielen Fällen gerade jene Rituale und Zeremonien ausgeführt, die für

60 Abgüsse von Neandertalerfußabdrücken, die 1950 im Schlammboden einer Höhle bei Toirano in Italien entdeckt wurden.

unser Gefühl eine Sprache voraussetzen. Wie sind sie also zurechtgekommen? Die eine Antwort könnte lauten, daß Gesten für den Austausch komplizierter Ideen ausgereicht hätten, wie es ja auch in der modernen Taubstummensprache möglich ist. Wenn manche Neandertaler sprachliche Schwierigkeiten hatten, dann haben sie wahrscheinlich größeren Gebrauch von ihrer Gebärdensprache gemacht, als es heutzutage üblich ist. Dieser Befund ist von größter Bedeutung für jeden Versuch, die Neandertaler mit den heute lebenden Almas in Beziehung zu setzen. Wie wir gesehen haben, sind die Almas, wie viele Neandertaler, augenscheinlich einer gesprochenen Sprache nicht mächtig und müssen deshalb ihre unartikulierten Grunzlaute durch Gesten ergänzen.

Was aber geschah mit den Neandertalern? Wir wissen, daß sie in großen, stammübergreifenden Gruppen locker organisiert waren und daß die verschiedenen Formen in der Zeit von vor rund 125 000 bis 35 000 Jahren in Europa, Asien und Afrika dominierten. Die spärlichen archäologischen Belege lassen vermuten, daß diese Vorherrschaft in den verschiedenen Regionen zu verschiedenen Zeiten zu Ende ging und daß in jedem Fall der neuzeitliche Mensch *(Homo sapiens sapiens)* die Nachfolge antrat.

Einer Theorie zufolge verbanden sich zwei divergierende nichtmoderne (neandertaloide) Entwicklungslinien zu einer Stammform, aus welcher der Jetztmensch hervorgegangen ist. Dies setzt voraus, daß die »klassischen« Neandertaler sich äußerlich und innerlich von älteren und primitiveren Menschenformen nicht so sehr unterschieden, daß eine gemeinsame Fortpflanzung unmöglich gewesen wäre. Diese Annahme wird durch neuere Forschungen unterstützt, die nachweisen konnten, daß morphologisch altertümliche Neandertaler dem modernen Menschen näherstehen als spätere Formen.[5] Eine zweite Lehrmeinung besagt, daß die »klassische« Linie erlosch, als sich aus ihr der moderne Mensch entwickelte. Es ist jedoch noch nicht geklärt, wie das vor sich gegangen sein mag. Drei Alternativen bleiben bestehen:

1. Die »klassischen« Neandertaler starben aus, als der Jetztmensch in Erscheinung trat.
2. Sie sind durch soziale und kulturelle Überfremdung und durch Inzucht erloschen.
3. Sie wurden – und dafür sprechen die archäologischen Befunde – aus ihren besten Jagdgründen in entlegene Gebiete verdrängt, wo kleine Populationen bis heute überdauert haben könnten.

Jede Kombination dieser drei Thesen kann ebenfalls in Erwägung gezogen werden.[6]

Die Vorstellung, daß der Neandertaler ausgestorben sein *müsse,* weil nur der moderne Mensch der einzige überlebende Hominide sein könne, verrät eine überholte biologische Arroganz. Um das einzusehen, braucht man sich nur an die vielen Primaten (zum Beispiel *Rhinopithecus,* die Stumpfnasenaffen, oder *Pan paniscus,* die afrikanischen Zwergschimpansen) zu erinnern, die erst in den letzten 150 Jahren entdeckt wurden. Die Aussage, daß die Mythen von gestern die wissenschaftlichen Entdeckungen von heute sind, birgt sehr viel Wahrheit. Das trifft auch auf den Berggorilla *(Gorilla gorilla berengei)* zu, dessen Existenz im 19. Jahrhundert als unmöglich hingestellt wurde.

Die Beantwortung der Frage, ob sich der Neandertaler in einem relativ kurzen Zeitraum zum modernen Menschen entwickeln konnte oder nicht, hängt davon ab, ob es einen Evolutionsmechanismus gibt, der das bewirkt haben könnte. Für diese These spricht nur sehr wenig. Es ist die Vermutung geäußert worden, die »Modernisierung« des Neandertalers könne die Folge von Veränderungen des Stimmapparats gewesen sein, denn der obere Teil des Halses verwandelte sich in einen Kehlkopf, der imstande war, das vollständige menschliche Lautrepertoire zu erzeugen. Es bleibt jedoch unklar, warum solche Veränderungen nicht in den voraufgehenden Jahrzehntausenden stattgefunden haben und wieso sie so rasch fortschritten, nachdem sie einmal ausgelöst worden waren.

Aus neueren Untersuchungen geht hervor, daß das Verhältnis zwischen Neandertaler und *Homo sapiens sapiens* in der entscheidenden Phase vor 55 000 bis 29 000 Jahren ungeheuer kompliziert war. Wir haben es wohl eher mit einer erheblichen kulturellen und technologischen Überlappung als mit einer direkten Verdrängung zu tun. Sofern man für diesen Zeitraum nicht eine rapide physische Evolution annimmt, ist eine Koexistenz am wahrscheinlichsten, bei der die Neandertaler- und die frühen *Sapiens*-Horden unterschiedliche Territorien besetzten. Das Ausmaß der Kontakte, seien sie nun durch Tauschhandel oder exogame Heiraten zustande gekommen, bleibt der reinen Spekulation überlassen.

Es gibt reichliche Belege dafür, daß Neandertalerhorden genau umgrenzte Jagdreviere bewohnten und daß Horden mit einer abweichenden Tradition der Werkzeugherstellung innerhalb einer bestimmten Region getrennt nebeneinander existierten. Aus alledem folgt, daß das vollständige Erlöschen der Neandertaler durch »Ausrottung« unwahrscheinlich ist. Historische Parallelen (etwa im Falle der nordamerikanischen Prärieindianer) zeigen, daß sich die schwächere Gruppe gewöhnlich nach und nach in ungünstigere und entlegenere Regionen zurückzieht, die ihr niemand mehr streitig macht. Und das sind genau jene Gebiete, in der archäologische Zeugnisse am spärlichsten sind und wo, wie nicht anders zu erwarten, die meisten Almas-Belege ihren Ursprung haben (mongolischer Altai, Tien-Schan-Gebirge, Pamir und Kaukasus).

Die vergleichsweise hochentwickelte Sozialstruktur der Neandertaler ist scheinbar unvereinbar mit dem, was wir über die Almas wissen. Doch das besagt nicht viel. Es geht nicht um den Nachweis, daß die heutigen Almas genauso leben wie einst die klassischen Neandertaler in ihrer Blütezeit, obwohl ausgefallene Beobachtungen, wie etwa die steinbockschlachtende Almas-Gruppe, eine Kontinuität nahelegen. Wenn die Almas Neandertaler sind, die in entlegene Gebiete abgedrängt wurden, wo sie eine vergleichsweise kurze Zeitspanne überdauert haben, so muß man eine gewisse kulturelle Rückentwicklung als unvermeidlich betrachten. Wie groß dieser Rückschritt war, läßt sich unmöglich sagen.

Während eines Besuchs in der Äußeren Mongolei hatte ich 1979 Gelegenheit, mögliche Zusammenhänge zwischen den dort heimischen Almas und den Moustérien- (Neandertaler-)Fundstätten der Region zu untersuchen.[7] Meine Reisen führten mich rund 3 000 km weit kreuz und quer durch das Gebiet zwischen dem hohen Altai und der flachen, trockenen Wüste Gobi, aus der die Berge so abrupt aufsteigen. In den Hochlagen begann die Zone des ewigen Schnees während meines Besuchs im August, September bei etwa 3 600 m, und die trockene Kälte wurde noch verstärkt durch den beißenden Wind. Die Gebirgsluft ist ungewöhnlich klar, und man folgt den vom Muffelwild ausgetretenen Pfaden mit dem Gefühl, daß noch kein Mensch jemals dort gewesen ist. Natürlich waren schon Menschen da, aber die mongolischen Nomaden, die in den Bergen zu Pferde ihre Yaks und Ziegen hüten, sehen keinen Grund, in solchen unwirtlichen Gegenden länger als nötig zu verweilen; manchmal trauen sie sich überhaupt nicht hinauf, da ihre Religion die Berge zum Wohnsitz von Dämonen erklärt hat.

Dort droben ist ein Paradies für seltene Tiere, für das Wildkamel und das Wildpferd der Gobi und den sogenannten Gobi-Bären, auch wenn die Zoologen meinen, daß die zweite Art inzwischen ausgestorben sei und die dritte vielleicht nie existiert habe. Das gleiche läßt sich nicht vom Schneeleoparden *(Uncia uncia)* sagen, jenem scheuen, herrlichen Tier mit dem gescheckten blauweißen Fell, das man jahrhundertelang nur aus Legenden und alten Schriften kannte, das aber bis heute in dieser entlegenen Bergwelt, in Tibet und im Himalaja überlebt hat.

Die Bevölkerung der Mongolei zählt nur anderthalb Millionen Menschen und verteilt sich über ein weites Gebiet, das dreimal so groß ist wie Frankreich. Die Berge sind zerklüftet und wie eine Honigwabe mit Höhlen durchsetzt. Nahrung in Form von Stein-, Muffel- und Niederwild ist reichlich vorhanden, desgleichen Wasser und gutes Rohmaterial für Werkzeuge. Die Hälfte der westeuropäischen Neandertaler hätte sich dorthin zurückziehen können, ohne entdeckt zu werden. Andererseits wäre es verwunderlich, wenn man hier keine Spuren von Hominiden finden würde, denn die Gesteine enthalten Jaspis, Chalzedon und Achat, lauter Mineralien, die bei den Neandertalern besonders begehrt waren. An einigen Fundorten sind Geräte aus diesen Materialien benutzt worden, bis sie buchstäblich aufgebraucht waren, und selbst die kleinen Reste wurden noch einmal geschärft.

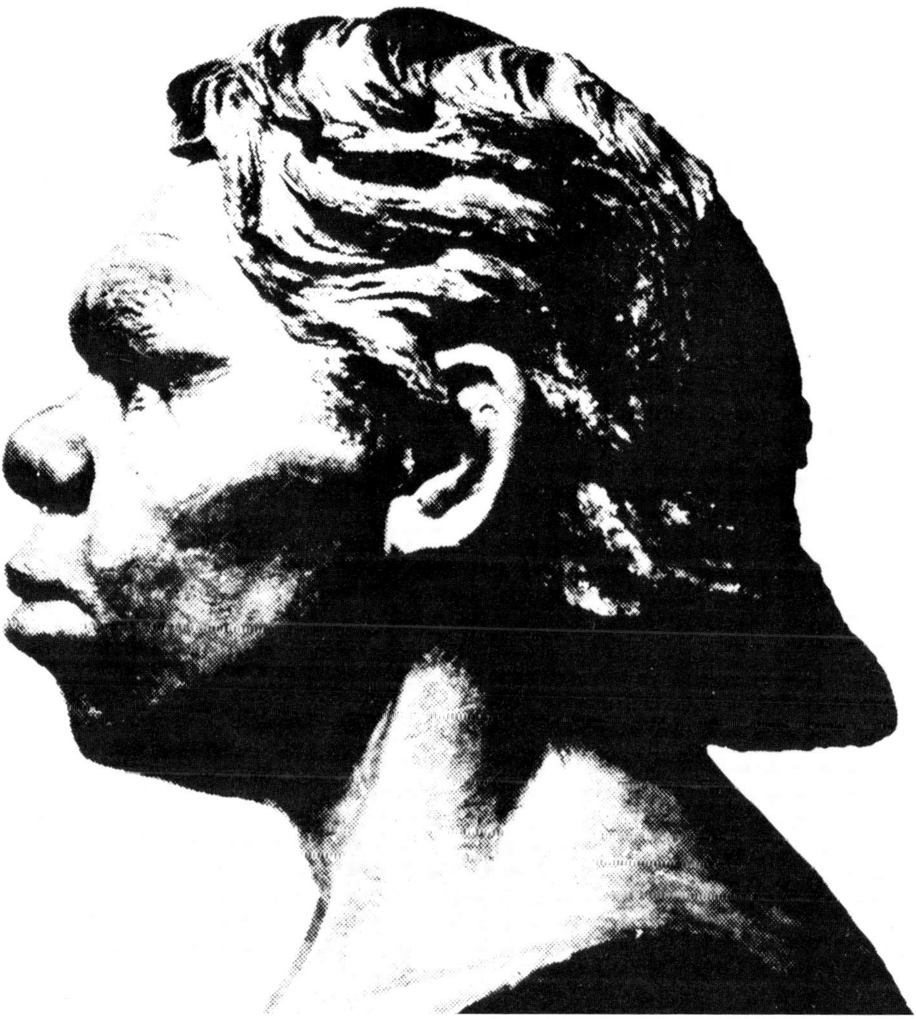

51 Rekonstruktion eines Neandertalerkopfes von Gerhard Heberer.

Die Moustérien-Werkzeuge, die ich auf den Flußterrassen des Altai entdeckt habe, bestanden aus den genannten Gesteinen; es waren Schaber, grobe Schneidwerkzeuge und einige kleine, sauber bearbeitete Splitter.[8] Bislang verfügen wir noch über keine Methode, das Alter dieser Steingeräte exakt zu bestimmen, weil Begleitfunde aus Knochen oder Holz fehlen, die man mit dem Radiokarbonverfahren datieren könnte. Aber wir vermögen die Stilmerkmale mit Fundstücken aus anderen Regionen zu vergleichen, deren Alter bekannt ist. Wie erwartet, scheint das mongolische Material ziemlich primitiv zu sein, verglichen etwa mit den sorgfältiger gearbeiteten Geräten aus den klassischen französischen Kulturschichten.

Die mongolischen Fundstätten haben offensichtlich für das Moustérien ein recht junges Alter; einige sind weniger als 20 000 Jahre alt. Ja, sie können vielleicht noch jünger sein, da viele Werkzeuge einen frischen Eindruck machen und erstaunlich wenig Verwitterungsspuren zeigen, wenn man bedenkt, wie lange sie an der Erdoberfläche gelegen haben. Man findet sie stets an den Ausläufern des Gebirges, unterhalb des ewigen Schnees, als ob die Menschen sich dort angesiedelt hätten, um unterschiedliche Lebensräume für die Jagd auszunutzen und um besseren Zugang zu den Gesteinen zu haben, die sie für die Werkzeugherstellung brauchten. Wir wissen aufgrund anderer Ausgrabungen, daß die Neandertaler eine besondere Vorliebe für Bergränder hatten. Das bezeugen die Schanidar-Höhle im nördlichen Irak und die vielen Fundorte in der Dordogne und im europäischen Teil der Sowjetunion. Die Vorberge des Altai sind genau die Landschaftsform, von der man annehmen möchte, daß sie einst von Neandertalern bevölkert worden ist – eine Hypothese übrigens, die durch Feldstudien bestätigt werden konnte.

Die alteingesessene Bevölkerung, die sich in ihrem Land sehr gut auskennt, war gern bereit, über Steinwerkzeuge (und über Almas) zu sprechen, obwohl ihr mein Interesse an beidem befremdlich erschien. Die Weltabgeschiedenheit der Region kann in diesem Zusammenhang gar nicht oft genug betont werden. In manchen Orten war ich der erste Nichtrusse, den die Leute jemals gesehen hatten, und von der Existenz Englands hatten sie keinerlei Ahnung. Die Frage, wie viele Yaks eine englische Durchschnittsfamilie besitze, tauchte immer wieder auf. Das bedeutet, daß die Geschichten und Beschreibungen, die ich von den Einheimischen hörte, mit großer Wahrscheinlichkeit nicht durch Kontakte mit der Außenwelt beeinflußt waren, wie es beispielsweise eindeutig der Fall ist, wenn Besucher die nepalesischen Sherpas über den Yeti auszufragen versuchen.

Als erstes legte ich den Leuten Muster von Neandertalerwerkzeugen vor und fragte sie, ob sie schon einmal solche Dinge in ihrer Umgebung gesehen hätten. Sie erkannten sie regelmäßig, und sie konnten mir auch die Fundstellen zeigen. Dann erkundigte ich mich, ob sie selbst irgend etwas über diese Geräte wüßten, und darauf erhielt ich von vielen weitverstreut lebenden Gruppen die gleiche Antwort. Alle beteuerten, die Werkzeuge seien von Menschen benutzt worden, »die vor uns in dieser Gegend lebten« und die »jetzt in den Bergen wohnen«. Der Name dieser Menschen stimmte immer überein. Die Einheimischen bezeichneten sie entweder als die »Leute von Tuud« oder benutzten, wenn sie um genauere Auskunft gebeten wurden, den Namen »Almas« oder eine der lokalen Varianten. Ich bin heute geneigt, die Existenz der Almas als eine Realität zu betrachten, und wir können darüber hinaus auch die frühere

Existenz des Neandertalers in dieser Region nachweisen. Der Zusammenhang zwischen beiden ist hypothetisch, liegt aber zweifellos im Bereich des Möglichen.

Die Frage, ob die Almas überlebende Neandertaler sind oder nicht, ist noch genauso offen wie 1958, als Porschnew der Kommission für die Erforschung des Schneemenschen innerhalb der Sowjetischen Akademie der Wissenschaften in Moskau erstmals seine Auffassung in dieser Sache vortrug. Seine Vermutung läßt sich weder bestätigen noch widerlegen, solange wir nicht die Möglichkeit haben, einen lebenden Almas (oder wenigstens eine gut erhaltene Leiche) wissenschaftlich zu untersuchen. Für mich stellt sich nicht mehr die Frage, ob die Almas existieren – ich halte das Beweismaterial für schlüssig und ausreichend –, sondern nur noch die, wie sie zu klassifizieren sind.

EPILOG

Wildmenschen existieren in unseren Köpfen, in unserer Kunst und in unserer Literatur. Sie existieren als jene schreckenerregenden Geschöpfe, mit denen wir den unerforschten Teil der Welt bevölkern. Sie existieren als die Satyrn des Altertums, die Wilden Männer des Mittelalters und die rebellischen jungen Aussteiger des 20. Jahrhunderts. Jede Generation erschafft sich ihren eigenen Wildmenschen nach einem ihr geläufigen Bild.

In der Gegenwart ist die Furcht vor den behaarten Außenseitern der Gesellschaft weitgehend verdrängt worden durch den Gruseleffekt, den Erbmutanten oder Phantasiegestalten wie Frankensteins Monster oder die außerirdischen Wesen der Science-Fiction-Literatur erzeugen. Darin spiegelt sich vielleicht auch die wachsende Erkenntnis, daß wir die Macht besitzen, Mißbildungen oder Monster entweder versehentlich, etwa durch Drogen wie Contergan, oder ganz bewußt hervorzubringen, beispielsweise durch radioaktiven Fallout von Atombomben. Chinesische Wissenschaftler versuchen sogar – welch entsetzlicher Gedanke! –, einen menschenähnlichen Affen zu schaffen, indem sie eine Schimpansin mit menschlichem Sperma befruchten.[1]

Doch die Einsicht, daß es psychologisch, literarisch oder künstlich geschaffene Wildmenschen gibt, steht auf einem anderen Blatt als die Anerkennung der tatsächlichen Existenz echter Wildmenschen, wie wir sie in diesem Buch definiert haben: echte Affenmenschen oder Menschenaffen einer bisher noch nicht identifizierten Art. Die mythologischen und folkloristischen Belege, die im 1. Kapitel ausgebreitet wurden, helfen uns bei der Bestimmung solcher Lebewesen nicht weiter. Die Menschen des Mittelalters *glaubten* zweifellos an Wildmenschen, so wie sie auch an Hexen glaubten. Doch heute betrachten die Historiker die Entstehung und den Untergang des europäischen Hexenwahns als ein soziales Phänomen, nicht als einen Beweis für die reale Existenz von Hexen. Es erscheint ebenso unwahrscheinlich, daß die mittelalterlichen Wildmenschen etwas anderes gewesen sind als Ausgestoßene oder Einzelgänger, die man mit einem mythologischen Gewand umgab. Porschnew vertrat allerdings die Auffassung, eine *bekannte* Hominidenart – der Neandertaler – habe bis heute überlebt und könne in den Mythen und Sagen der alten Griechen und Römer eine Rolle spielen.

Es liegt in der menschlichen Natur, daß wir nicht akzeptieren wollen, irgend etwas – uns selber eingeschlossen – könne plötzlich verschwinden, ohne erkennbare Spuren zu hinterlassen. Legenden, die vom Fortleben großer religiöser Gestalten, zum Beispiel Jesus, oder dämonischer Führer wie etwa Hitler erzählen, sind in der menschlichen Psyche tief verwurzelt. Dadurch werden indes die Legenden nicht im geringsten wahrer oder glaubwürdiger. Es gibt keine überzeugende Verbindung oder Vergleichsmöglichkeit, die sich für die halb menschliche, halb tierische Satyrfigur und den völlig menschlichen, wenn auch nicht modernen Neandertaler anbietet, so gerne wir auch eine derartige Beziehung herstellen möchten. Was den Bericht über den wilden Knaben im

Rumänien des 18. Jahrhunderts angeht, den Bajanow und Burtsew als eindeutigen Beweis für das Überleben des Neandertalers heranziehen, so scheinen mir die dem bedauernswerten Geschöpf zugeschriebenen Deformierungen eher auf einen geistigen Defekt als auf ein Hominidenrelikt hinzudeuten.
Eine andere Form der Mißbildung – die biologisch erklärbare Normabweichung, die zum Riesenwuchs führt – ist ebenfalls zuweilen mit dem Wildmenschenphänomen in Zusammenhang gebracht worden. Riesenmenschen, die bis zu 2,70 m groß waren, sind verbürgt. Es scheint überdies ein Grundbedürfnis des Menschen zu sein, Riesengestalten zu erfinden, um sich vor ihnen fürchten zu können. Das gilt für die Zyklopen in Homers *Odyssee* ebenso wie für die Riesen von Brobdingnag in Swifts Buch *Gullivers Reisen.* Wenn eine Verbindung zwischen Wildmenschen und (realen oder erfundenen) Riesen bestehen sollte, so kann man den Neandertaler und den Almas von der Kandidatenliste streichen, denn beide sind zu klein. Allenfalls käme der Yeti in Betracht, doch eine Verbindung zwischen ihm und den Riesen ist sehr abwegig angesichts der Tatsache, daß man ihm ganz eindeutig keine menschlichen, sondern affenartige Eigenschaften zuschreibt.
Falls sowohl affenähnliche als auch menschenähnliche Wildmenschen tatsächlich existieren, dann ergeben sich die stichhaltigsten Beweise aus den neueren und neuesten Sichtungen und Berichten. Wenn wir die ganze Diskussion gleichsam auf den Kopf stellen, wird sofort klar, daß die Annahme, daß sie *nicht* existieren, auf dem Glauben beruht, unsere Welt sei so gründlich erforscht, daß keine unbekannten Lebewesen mehr entdeckt werden könnten.
Es läßt sich allerdings ebenso leicht nachweisen, wie irrig diese Annahme ist. Es gibt auf unserem Planeten noch immer weite Gebiete, deren Flora und Fauna fast unbekannt ist, und in den letzten 150 Jahren sind Dutzende von großen Tieren entdeckt worden, darunter einige, die man, wie das Okapi, bereits für ausgestorben hielt. Die meisten kannte man nur aus Berichten von Eingeborenen, denen man zunächst keinen Glauben schenken wollte. Mindestens 20 neue Säugetierarten werden Jahr für Jahr beschrieben.[2] Wenn man immer noch neue Tierarten entdecken kann, ist es dann so unwahrscheinlich, daß unbekannte Lebewesen, die uns näherstehen, noch irgendwo auf unserem Erdball ein heimliches Leben führen?
Die besten Zeugnisse stammen zwar aus Asien und Nordamerika, aber auch andere Regionen der Welt haben ihre modernen Wildmenschenlegenden. Der *Orangpendek* oder *Sedapa* aus den tiefgelegenen Wäldern Sumatras und Borneos ist angeblich ein kleines, behaartes menschenähnliches Geschöpf, das, wie der Almas, ein Überbleibsel einer früheren Stufe der Humanevolution sein könnte. Aus den Bergen Borneos wurde vor rund 20 Jahren außerdem ein yetiähnliches Wesen gemeldet, möglicherweise ein Verwandter des sogenannten *Orangdalam* aus Malaysia, der 1,80 bis 3 m groß sein soll, also ungefähr so groß wie der Yeti. Bernard Heuvelmans hat kürzlich ein Buch mit dem Titel

Les bêtes humaines d'Afrique (1980) veröffentlicht, in dem er sich mit Berichten über unentdeckte afrikanische Wildmenschen auseinandersetzt. Aber die asiatischen und nordamerikanischen Belege sind nach wie vor die eindrucksvollsten.

Sichtungen, Fußspuren, Exkremente und Haare sind alles, was wir an Beweisen für den affenähnlichen Yeti haben, und dennoch ergibt sich daraus ein erstaunlich einheitliches Bild innerhalb einer Region, die durch neuere Berichte aus China und aus dem Pamir beträchtlich erweitert worden ist. So passen die Fußabdrücke (etwa 34 × 17 cm), die Lord Hunt 1978 im Himalaja entdeckte, hervorragend zu jenen, die 1979 im Pamir gefunden wurden (etwa 33 × 16 cm). Die chinesischen Spuren, von denen wir wissen, sind größer (etwa 38 bis 46 cm), aber wiederum vergleichbar einem weiteren Beispiel aus dem Pamir von 1981 (etwa 48 cm) und einem zugegebenermaßen vage beschriebenen ostsibirischen Fußabdruck von 45 cm Länge. Die Beweiskraft der Sichtungen, Exkremente und Haare ist stärker umstritten, aber insgesamt gesehen nicht von der Hand zu weisen.

Wie lassen sich die vermutlichen Merkmale, Verbreitungsgebiete und Verhaltensweisen des Yeti beschreiben, und wie weit stimmen sie mit denen des Sasquatch überein? Grob gesagt ist der Yeti ein hochgewachsener behaarter Primat, häufig größer als zwei Meter, der ein nachtaktives Leben als Allesfresser führt und durch hochfrequente Lautäußerungen auffiel. Die meisten Augenzeugenberichte beziehen sich auf solitäre Yetis, aber es sind auch schon kleinere Gruppen gesichtet worden. Ihr Lebensraum sind offenbar die abgeschiedenen Hochtäler und Berge Ost- und Westsibiriens, Chinas, des Pamir, des Himalaja und des Kaukasus. Die langen Arme, die Neigung, gelegentlich auf allen vieren zu gehen oder zu laufen, das Fehlen einer Sprache und die Unfähigkeit zur Werkzeugherstellung kennzeichnen den Yeti als eine affenähnliche und nicht menschenähnliche Spezies.

Diese affenartigen Merkmale beobachtet man auch beim Sasquatch (Bigfoot oder Großfußmensch) an der nordwestlichen Pazifikküste Amerikas, besonders aus der Gegend von Bossburg. Der Patterson-Film ist allerdings mit großer Vorsicht zu genießen, solange nicht eindeutig feststeht, daß es sich nicht um eine Fälschung handelt. Es ist bedeutsam, daß die registrierten Längenangaben für die Fußabdrücke des Sasquatch (etwa 37,5 bis 46 cm) und des Yeti (etwa 32,5 bis 48 cm) weitgehend übereinstimmen. Auch im Verhalten zeigen sich interessante Parallelen zwischen beiden, etwa ihre nächtliche Lebensweise und die Vorliebe für Wasser. Selbst die Farbe des Haarkleides, bei der man deutliche Unterschiede erwarten würde, scheint im großen und ganzen ähnlich zu sein. Die meisten Sasquatche haben braunes oder schwarzes Haar, einige sind auch heller; die Yetis Chinas und des Himalaja sind rötlich-braun, während ihre Artgenossen in Sibirien meist ein schwarzes und die im Pamir ein silbriges Haarkleid tragen.

Diese Abweichungen bewegen sich durchaus im Rahmen einer Art, die sich über Gebiete von Tausenden von Kilometern und unterschiedliche geographische Breiten verteilt. Wenn sowohl der Yeti als auch der Sasquatch von dem Menschenaffen *Gigantopithecus* abstammen, wie wir vermuten, dann ist es nur natürlich, daß sich manche Merkmale, wie beispielsweise die Fellfärbung, unterschiedlich entwickelt haben, da sich die verschiedenen Vertreter der Art an neue Umweltbedingungen anpassen mußten.

Auch wenn man einige Eigenschaften des Yeti und des Sasquatch, etwa ihre Riesenmaße oder ihre rotglühenden Augen, als Übertreibungen ansehen kann, wie sie in der Volksüberlieferung gang und gäbe sind, so bezeugen doch die von zuverlässigen Gewährsleuten vermessenen Fußabdrücke, daß wir es hier mit einem echten Rätsel zu tun haben, das noch auf seine Lösung durch die Wissenschaft wartet.

Die Beweise für die Existenz des menschenähnlichen Almas sind zwar überzeugender, dabei aber weniger handfest. In diesem Fall gibt es keine Exkremente und Haare und nur wenige Fußspuren, die von westlichen Wildmenschenforschern beobachtet und untersucht worden sind.

Die Gebiete, in denen diese Lebewesen vorkommen sollen – die Äußere Mongolei, der Kaukasus und der Pamir – sind so abgelegen und unzugänglich, daß sie von Europäern längst nicht so häufig aufgesucht werden wie etwa der Himalaja. So sind wir im Augenblick noch auf Sichtungsberichte aus zweiter Hand angewiesen. Paradoxerweise wäre der Almas vielleicht sehr viel besser verbürgt als der Yeti, wenn uns das gesamte einschlägige Belegmaterial zur Verfügung stünde. Wir wissen ja aus Kapitel 5, daß der mongolische Professor Zhamtsarano in den ersten Jahrzehnten unseres Jahrhunderts unermüdlich Beweise für die Existenz der Almas in der Äußeren Mongolei aufgespürt und zusammengetragen hat, aber dieses umfangreiche Material wird heute in zwei Archiven in Leningrad und Ulan Ude unter Verschluß gehalten. Und die Resultate der systematischen Erforschung der kaukasischen Almas, die Dr. Kofman seit 1960 betrieben hat, sind ebenfalls noch nicht publiziert und deshalb im Westen unbekannt.

Immerhin ist es ermutigend, daß man in zahlreichen Berichten eine große inhaltliche Übereinstimmung konstatieren kann und nur wenige den mythologischen Beigeschmack haben, der für viele Yeti-Geschichten typisch ist. Almas sind demnach ungefähr so groß wie ein moderner Mensch (vielleicht etwas kleiner als der Durchschnittseuropäer), aber viel stärker behaart, und sie besitzen eine charakteristische Kopfform mit vorstehendem Unterkiefer, fliehendem Kinn und sehr kräftig entwickelten Wülsten über den Augen. Diese Lebewesen sind scheu, meiden den Kontakt zu Menschen, kennen den Werkzeuggebrauch, haben aber keine echte Sprache. Sie scheinen auf Gebirgsregionen mit vielen Seen beschränkt zu sein, vor allem auf den mongolischen Altai und die Wüstenränder der Dsungarei. Ihr Verbreitungsgebiet erstreckt sich nach

Westen über das Tien-Schan-Gebirge in Sinkiang bis zu den Ausläufern des Kaukasus. Die Berichte reichen bis ins 13. Jahrhundert zurück und sind einander auffallend ähnlich.
Der Lebensraum der Almas ist offenbar unter dem wachsenden Druck des Menschen stark zusammengeschrumpft, und das Gebiet, in dem sie heute noch vorkommen, ist ein kleines Areal im mongolischen Altai-Gebirge. Sie werden jedoch noch immer gesichtet, entweder als Einzelgänger oder in Familienverbänden, und scheinen den Fortbestand ihrer Art vor allem dadurch zu sichern, daß sie uns Menschen tunlichst aus dem Wege gehen. Dies ist freilich nicht sonderlich schwierig, denn das Gebirge ist für eine landwirtschaftliche Nutzung völlig ungeeignet und wird nur vereinzelt von Nomaden aufgesucht, die mit ihren Herden von einer Weidefläche zur anderen ziehen. Die Almas fristen offenbar ihr Dasein durch die Jagd auf kleine Säugetiere und durch das Sammeln von Pflanzenkost. Sie kennen den Gebrauch des Feuers nicht, suchen aber Schutz in Höhlen. Ein entscheidender Punkt ist jedoch, daß sie, im Unterschied zu allen Tieren, *keine Angst* vor dem Feuer zu haben scheinen.
Diese sehr einfache Lebensweise und ihre äußere Erscheinung sind nachhaltige Indizien dafür, daß die Almas Relikte einer prähistorischen Lebensform, vielleicht sogar eines früheren Menschentyps sind. Der beste Anwärter für diese Zuordnung ist zweifellos der Neandertaler, der in Europa und Asien seit der Zeit von vor 125 000 Jahren vorherrschte und vor rund 30 000 Jahren auf mysteriöse Weise aus den archäologischen Urkunden verschwand. Der unverwechselbare Neandertalerkopf – ein langer, niedrig gewölbter Schädel mit ausgeprägten Wülsten über den Augen und vorspringendem Kiefer – findet sich auch in den Almas-Beschreibungen; desgleichen die für den Neandertaler belegte Körpergröße von etwa 1,65 m.
Die Theorie vom beschränkten Sprachvermögen des Neandertalers hat ihre Parallele in den Berichten über die Almas. Am beweiskräftigsten ist jedoch wohl die verblüffende Kongruenz der Neandertaler-Fundstätten und der Almas-Sichtungen im Kaukasus-Gebiet, bei Teschik-Tasch im Pamir und in der Äußeren Mongolei, wie ich selbst bei meinem Besuch 1979 feststellen konnte. Wenn man die Hypothese wagt, daß die Neandertaler vor 30 000 Jahren angesichts des unaufhaltsamen Aufstiegs der neuzeitlichen Menschen in entlegene Regionen ausgewichen sind, dann könnten genau dies die Gebiete sein, in denen man sie am ehesten antreffen würde.
Dennoch wirft die Gleichung Almas = Neandertaler erhebliche Probleme auf. Die Neandertaler waren fortgeschrittene Vertreter der Spezies *Homo sapiens*, die als erste rituelle Bestattungen praktizierten und vermutlich ein Gemeinschaftsgefühl kannten, was sich in ihrer Sorge für Kranke, Verwundete und Alte ausdrückte. Darüber hinaus verstanden sie sich, wie andere *Homo*-Arten schon Jahrhunderttausende vor ihnen, auf die Kunst des Feuermachens. Keine

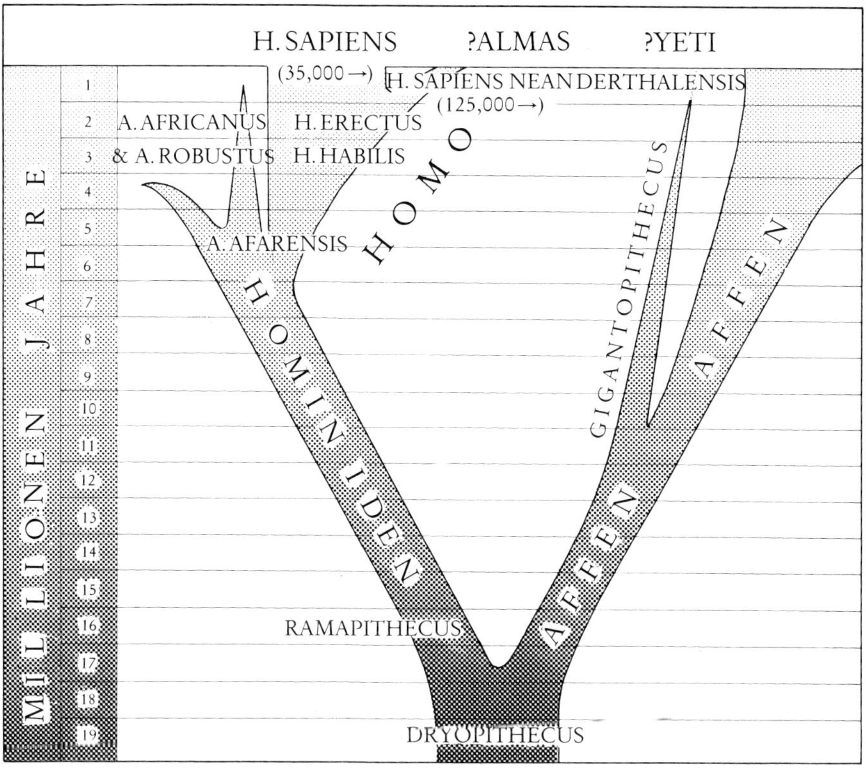

62 Eine schematische Darstellung der möglichen stammesgeschichtlichen Verwandtschaftsbeziehungen zwischen Almas, Yeti, Jetztmensch und Affen.

dieser Eigenschaften und Fähigkeiten treffen offensichtlich auf die Almas zu Sie stehen vielmehr auf einer primitiveren Kulturstufe als alle Neandertaler. Die Gründe dafür bedürfen einer sorgfältigen Untersuchung.

Man kann sich durchaus vorstellen, daß die Humanevolution auch eine Rückwärtsentwicklung aufweist, und es kann sein, daß die Almas das Ergebnis einer solchen Kehrtwendung sind. Die Vorstellung einer stetigen, geradlinigen Evolution wird neuerdings von Wissenschaftlern in Frage gestellt, die Darwin mißverstehen und meinen, er habe die Evolution mittels der natürlichen Auslese als einen langsamen, aber unausweichlichen Prozeß aufgefaßt, der überall und bei allen Lebewesen wirksam sei.[3] In Wahrheit hat Darwin jedoch gesagt, daß die natürliche Auslese (die Menschen und Tiere gleichermaßen betrifft) allmählich und in großen Zeiträumen abläuft, aber jeweils nur wenige Bewohner einer bestimmten Region erfaßt. Der Gedanke einer sich in Schüben vollziehenden Entwicklung mit plötzlichen Aktivitätsphasen und langen, oft Jahrmillionen währenden Ruheperioden ist deshalb nicht neu. Die Resultate lassen sich in den geologischen oder archäologischen Befunden nur schwer nachweisen, denn Ereignisse, die durch Jahrhunderte oder Jahrtausende voneinander getrennt waren, können sich in sehr schmalen und uneinheitlichen Schichtenfolgen ineinanderschieben.

Manche Arten scheinen sehr lange stabil geblieben zu sein, unter anderem auch frühe Menschenarten. Die Geschichte der menschlichen Evolution ist gekennzeichnet durch Aktivitätsschübe, auf die längere Pausen folgten. Die Sache wird noch dadurch kompliziert, daß im allgemeinen mehrere abweichende Hominidenformen gleichzeitig existierten.[4] Manche Arten haben offenbar plötzliche Sprünge nach vorne (oder nach hinten oder gar zur Seite) gemacht, und es wäre möglich, daß die heutigen Almas das Produkt eines solchen Vorgangs sind, nämlich eines evolutionären Rückschritts oder zumindest einer besonders langen Ruhepause.

Eine Alternativthese, die wir bisher noch nicht erörtert haben, besagt, daß der gemeinsame Ahne sowohl des Neandertalers als auch des Jetztmenschen – *Homo erectus* – mit dem rezenten Almas gleichgesetzt werden könnte. Der Gedanke ist nicht so phantastisch, wie er auf den ersten Blick erscheint. *Homo erectus* entwickelte sich vor rund anderthalb Jahrmillionen. Er war zwar ein intelligenter, aufrecht gehender und werkzeugherstellender Hominide, besaß aber auch einige der vermeintlich primitiven Merkmale des Almas, etwa die gedrungene Gestalt, die Behaarung und das breite Gesicht. Wir haben zudem gesicherte archäologische Belege dafür, daß er, mit stammesgeschichtlichen Maßstäben gemessen, über einen sehr langen Zeitraum hinweg relativ wenige Veränderungen durchgemacht hat.

Obwohl er auf der Weltbühne zunächst vom Neandertaler und dann durch den modernen Menschen verdrängt wurde, lassen neuere Funde aus dem australischen Kow Swamp, die unverkennbare *Homo-erectus*-Merkmale aufweisen, den Schluß zu, daß er in dieser Weltregion auf jeden Fall noch bis vor 10 000 Jahren gelebt hat. Ja, man vermutet sogar, daß es im weitgehend unerforschten Inneraustralien noch immer einige wenige Repräsentanten von *Homo erectus* geben könnte.[5] Das wäre eine Erklärung für die zahlreichen Berichte über seltsame menschen- oder affenähnliche Lebewesen in dieser Region. Doch die Herstellung einer Beziehung zwischen Almas und *Homo erectus* ist, vorsichtig ausgedrückt, etwas gewagt und setzt eigentlich einen viel weiter gestreuten Fortbestand von *Homo erectus* (zum Beispiel in Asien) voraus, als er sich archäologisch belegen läßt. Alles in allem ist das Überleben des Neandertalers viel wahrscheinlicher. Im übrigen ist die dem Almas nachgesagte Unkenntnis des Feuergebrauchs genauso problematisch, ob wir ihn nun mit *Homo erectus* oder mit dem Neandertaler in Verbindung bringen. *Homo erectus* ist nämlich der Erfinder der Feuernutzung.

Über die Chuchunaas können wir nur wenig aussagen. Das von ihnen bewohnte Gebiet in Ostsibirien in der Umgebung von Jakutsk gehört zu den am wenigsten erforschten Weltregionen, und handfeste Beweise sind kaum zu beschaffen. Der Chuchunaa unterscheidet sich vom Almas dadurch, daß er größer ist (etwa zwei Meter), Kleider trägt und das Feuer kennt. Abgesehen von der Körpergröße könnte er tatsächlich einen besseren »Neandertaler-Kandidaten« abgeben als der Almas, doch solange wir nicht mehr über ihn wissen, sind weitere Spekulationen sinnlos.

Wie soll es nun weitergehen? Yetis und Almas sind noch immer wissenschaftliche Anomalien, und die Menschen, die sie gesehen haben, müssen sich entscheiden, ob sie ihren eigenen Augen trauen wollen und möglicherweise auf Spott und Skepsis stoßen oder ob sie ihre Erfahrung für sich behalten, bis jemand anders die Existenz des Phänomens bewiesen hat. Die Psychologen nennen dieses Problem »kognitive Diskrepanz« – eine fehlende Übereinstimmung zwischen Wahrnehmung und Erfahrung –, und seine Lösung wird durch die Ausschlachtung von Betrügereien und Fälschungen in den Medien nicht gerade gefördert.

Es ist unbestritten, daß manche Berichte geschwindelt sind – der »Eismensch« ist ein solcher Fall, und man hat auch schon Witzbolde erwischt, die mit »Fußabdruckgeräten« gearbeitet haben –, aber viele Manipulationen dieser Art werden entweder sofort aufgedeckt oder kommen ans Licht, wenn Wissenschaftler die Resultate im einzelnen analysieren. Es ist beispielsweise unmöglich, die Gewichtsverteilung eines großen Primaten zu fälschen, wie sie sich in seinem Fußabdruck manifestiert, und von Jahr zu Jahr gewinnen wir neue Einsichten in die Anatomie der Primaten.

Die Wissenschaft entscheidet darüber, was wirklich und wahr ist, und ihr fällt damit in der modernen Gesellschaft eine Aufgabe zu, die in früheren Zeiten von den Priestern erfüllt wurde. Erfreulicherweise haben die Wissenschaftler inzwischen eingesehen, daß nicht alle Phänomene, die zunächst rätselhaft erscheinen, schon deshalb notwendigerweise Manipulationen sein müssen. Es könnte sich bei ihnen durchaus auch um Resultate bislang unbekannter Kräfte handeln. Berichte über Wildmenschen sind längst keine Seltenheiten mehr. Sie ergeben ein weitgespanntes Beziehungsgeflecht und haben Theorien über die Klassifizierung, den Ursprung und die Lebensweise dieser Geschöpfe entstehen lassen. Nur eine einzige Wildmenschenleiche würde als endgültiger Beweis genügen.

Aber wie sollen wir bei der Beschaffung vorgehen? Ist es moralisch vertretbar, einen Sasquatch für die Wissenschaft zu erschießen? Dmitri Bajanow meint (und ich pflichte ihm bei), daß wir kein Recht haben, einen Hominiden oder ein ähnliches Lebewesen zu töten.[6] Verschiedene Länder haben ihre Wildmenschen unter Schutz gestellt und die Jagd auf sie verboten, aber wäre nicht selbst der eifrigste Naturschützer versucht abzudrücken, wenn ihm einmal ein Yeti vor den Gewehrlauf kommen sollte?[7] Die wenigen Exemplare, die offensichtlich umgebracht worden sind, haben wegen ihres menschenähnlichen

Aussehens stets Schuldgefühle ausgelöst, und die Jäger mußten sich eingestehen, einen Mord begangen zu haben. Die Alternative zum Erschießen wäre natürlich ein langfristiges Feldstudium an Ort und Stelle. Aber solche Projekte sind kostspielig, mühsam und ganz und gar nicht spektakulär und derzeit angesichts der bescheidenen finanziellen Möglichkeiten der meisten wissenschaftlichen Institutionen undurchführbar. *Alle* Lösungen sind besser als die Tötung eines Wildmenschen, doch kann etwas anderes die Zweifler überzeugen? Leider nicht, fürchte ich.

Eine neuere Untersuchung zeigt jedoch, daß diese Frage vielleicht gar nicht so wichtig ist. 1978 wurde 300 kanadischen und amerikanischen Wissenschaftlern ein Fragebogen zugesandt, der ihre Einstellung zum Bigfoot und zum Ungeheuer von Loch Ness betraf.[8] Von diesen Wissenschaftlern waren 100 Anthropologen, die sich auf Primatenkunde und Humanevolution spezialisiert hatten. Die übrigen bildeten die Kontrollgruppe. Die Hälfte aller Befragten erhielt einen Bigfoot-Fragebogen und 71 Anthropologen antworteten. Von den zurückgesandten 39 Bigfoot-Fragebögen ergaben nur 13 Prozent die Antwort, daß der Bigfoot ein der Wissenschaft unbekanntes Lebewesen sei (Nessie brachte es auf 23 Prozent). Die Gegenargumente verteilten sich wie folgt:

	Prozent
Fehlende fossile Belege	46,2
Fehlende Exemplare (oder Teile davon)	74,4
Fehlende Knochen	61,5
Mangel an Nahrungsquellen im betreffenden Lebensraum	12,8
Zu groß	2,6
Hätte der Wissenschaft nicht so lange verborgen bleiben können	35,9
Zu abwegig für ernsthafte Überlegungen	2,6

Die Hauptschwierigkeit ist also, wie kaum anders zu erwarten, das Fehlen eines Beweismittels in Form eines Skeletts. Eine weitere Frage ergab, daß nur fünf Prozent glaubten, die Entdeckung des Bigfoot hätte eine große Bedeutung für die Wissenschaft, doch ein (für mich) erstaunlicher Prozentsatz von 43 maß dieser Entdeckung lediglich eine mäßige oder geringe Bedeutung bei. 61 Prozent meinten, die Wissenschaft sollte die Bigfoot-Forschung vorantreiben, doch nur die Hälfte davon befürwortete die Verwendung von öffentlichen Mitteln. Die meisten Befragten hatten zumindest einen Teil der einschlägigen Literatur gelesen, und ein gutes Drittel der Anthropologen kannte immerhin John Napiers Buch zu diesem Thema (*Bigfoot,* 1972). Viele (40 Prozent) waren der Ansicht, einige der Bigfoot-Sichtungen beträfen andere Tiere, etwa Bären, und fast 70 Prozent hielten das Ganze für einen Schwindel. Man kann daraus schließen, daß eine große Skepsis hinsichtlich der Existenz des Bigfoot vorherrscht, die jedoch hauptsächlich auf dem Mangel an stichhaltigen Beweisen beruht, nicht jedoch auf Zweifeln an den ökologischen oder evolutionären Möglichkeiten.

Ausgewählte Kommentare von Anthropologen zum Thema »Bigfoot«[9]

1. Es fehlen handfeste Beweise für die Existenz dieses hypothetischen Lebewesens, und es gibt bedeutsame theoretische Gründe für die Zweifel an seiner Existenz. Ich habe im Augenblick nicht genügend Zeit, um das in allen Einzelheiten auszuführen ... aber ich meine, wenn es Ihnen wirklich ernst ist, dann müßten Sie einen Teil Ihrer eigenen Mittel für die Erkundung der Gründe aufwenden, weshalb viele unvoreingenommene Wissenschaftler mit praktischer Erfahrung bezweifeln, daß dies ein lohnendes Forschungsobjekt darstellt.
2. Da das Nichtvorhandensein einer Sache nicht streng logisch bewiesen werden kann, sage ich meinen Studenten, es sei weitaus klüger, so zu tun, als ob sie [an den Bigfoot] glaubten, denn wer könnte ihnen das Gegenteil beweisen, falls er nicht existieren sollte?
3. Ich ... halte es für durchaus möglich, daß ein der Wissenschaft unbekannter großer Hominide in Asien vorkommt.
4. Es gibt einige angebliche Beobachtungen, die offensichtlich auf Verwechslungen beruhen, und es gibt einige bewußte Fälschungen. Doch man kann nicht die Hunderte von Beobachtungen glaubwürdiger Personen bestreiten, die durch die Veröffentlichung ihrer Beobachtungen nichts zu gewinnen haben, und man kann nicht die Fährten bestreiten, die sich nach Kilometern bemessen und die sich vielfach in Gegenden finden, wo niemand daran interessiert sein kann, solche Fußabdrücke zu fälschen.
5. Obwohl ich das Gefühl habe, daß eine solche Forschung wahrscheinlich eine Zeitverschwendung ist, würde ich mir nie anmaßen, jemanden davon abzuhalten. Jedermann muß die Freiheit haben, einen Narren aus sich zu machen, wenn er das möchte.
6. Ich beschäftige mich damit [mit der Bigfoot-Forschung]. Ich bin Mitglied der National Academy of Sciences.
7. Solange es keine stichhaltigeren Beweise gibt ... wäre es absurd, wenn ein seriöser Wissenschaftler sich auf solche Forschungen einließe oder wenn man dafür staatliche Mittel aufwendete. Es wäre hingegen sinnvoll, einmal zu untersuchen, weshalb so viele Menschen ohne brauchbare Beweise an irgend etwas glauben, und ich vermute, das trifft auf Sie zu ...
8. In den hiesigen Bergen (Seattle) gehen zwei bis drei Flugzeuge im Jahr verloren. Wenn wir in den Wäldern nicht einmal große unbewegliche Objekte finden, warum soll man da bezweifeln, daß es schwierig ist, bewegliche und

kleinere Objekte aufzuspüren (vor allem wenn sie selten vorkommen und bestrebt sind, jeden Kontakt zu meiden)?

Diese Bestandsaufnahme bezieht sich selbstverständlich nur auf den nordamerikanischen Bigfoot. Es wäre sehr aufschlußreich, wenn man entsprechende Daten auch für den Almas zusammenstellen könnte. Informationen über ihn sind leider längst nicht so leicht zu beschaffen. Was mich überrascht, ist die Tatsache, daß so viele Leute die Frage, ob solche Geschöpfe existieren oder nicht und wer sie sind, für belanglos halten. Eine Antwort gerade auf diese Frage hätte doch gewaltige Auswirkungen auf die Erforschung der Primatenevolution, ganz zu schweigen von der Bedeutung für die Mythen- und Folkloreforschung. Ich kann nicht glauben, daß Yetis und Almas reine Phantasiegestalten sind. Diese Hypothese wäre nur dann plausibel, wenn es niemals reale Wildmenschen gegeben hätte. Selbst wenn man die Hälfte aller Zeugnisse verwirft, bleibt noch immer ein stattliches Beweismaterial übrig. Ich bin bereit zuzugestehen, daß verschiedene Menschen sich gewisse Dinge einbilden können, vielleicht sogar dieselben Dinge – aber die bloße Einbildungskraft bringt doch keine unidentifizierbaren Fußspuren hervor.

ANHANG

ZUR TRANSKRIPTION DER NAMEN

Es ist unvermeidlich, daß bei dem Thema des vorliegenden Buches sich Schwierigkeiten mit der Transkription der Namen ergeben. Dies um so mehr, als es sich um zumeist seltene geographische Namen und um Personen handelt, die aus abgelegenen Völkerschaften stammen. Asiatische Namen in kyrillisch geschriebenen Quellen werfen ebensolche Probleme auf wie die kaukasische und chinesische Wörter. Es wurde versucht, zumindest gängige Namen in der im Deutschen üblichen Umschrift wiederzugeben. Ausgefallene Namen mußten notwendigerweise entsprechend der Quelle zitiert werden. Der Leser wird für die sich dadurch ergebenden Inkonsequenzen um Nachsicht gebeten.

FUSSNOTEN

Die Zahlen entsprechen den hochgestellten Ziffern im Text.

Einleitung

1. L. Fiedler: *Freaks: Myths and images of the Secret Self,* London 1980. Dieses »klassische« Werk zu unserem Thema ist eine streng wissenschaftlich-kritische Bestandsaufnahme und enthält eine umfassende Bibliographie. »Monster« werden eingehend von mehreren Autoren behandelt im ersten Teil des Buches *Manlike Monsters on Trial,* hg. von M. M. Halpin und M. Ames, Vancouver 1980; es entstand aus einem Symposion über »humanoide« Monster, das 1976 an der University of British Columbia stattfand und vom Hauptherausgeber organisiert wurde.

2 Die alte Schreibung Neanderthal ist im wissenschaftlichen Namen *Homo sapiens neanderthalensis* erhalten geblieben.

3 Porschnews weitere Arbeiten in Auswahl:
(1955) »O drevneishem sposobe polucheniya ogniya« (Über die ältesten Methoden des Feuermachens), *Sovetskaya etnografiya,* No. 1;
(1955) »Novye dannye o vysekanii ognya« (Neue Fakten zur Feuerherstellung), *Kratkie soobshcheniya Instituta etnografii,* vyp. XXIII, 3.
(1955) »Materializm i idealizm v voprosakh stanovleniya cheloveka« (Materialismus und Idealismus in der Frage nach dem Ursprung des Menschen), *Voprosy filosofii,* No. 5;
(1957) »Esche k voprosu o stanovlenii cheloveka« (Mehr zur Frage nach dem Ursprung des Menschen), *Sovetskaya antropologiya,* No. 2;
(1958) »K sporam o problem vozniknoveniya chelovecheskogo obshchestva« (Zur Diskussion des Problems der Entstehung der menschlichen Gesellschaft), *Voprosy istorii,* No. 2;
(1958) »Problema vozniknoveniya chelovecheskogo obshchestva i chelovecheskoi kul'tury« (Das Problem der Entstehung der menschlichen Gesellschaft und Kultur), *Vestnik istorii mirovoi kul'tury,* No. 2;
(1962) »Sostoyanie pogranichnykh probleme biologicheskikh i obshchestvennoistoricheskikh nauk« (Die Probleme der Abgrenzung vom biologischen und sozio-historischen Wissenschaften), *Voprosy filosofii,* No. 5;
(1963) *Sovremennoe sostoyanie voprosa o reliktovykh gominoidakh* (Der gegenwärtige Stand in der Frage der Relikthominiden), Moskau;
(1964) »Rechepodrazhanie (ekholaiya) kak stupen' formirovaniya ztoroi signal-

’noi sistemy« (Stimmenmimikry [Echolalie] als Stufe in der Ausbildung eines zweiten Signalsystems), *Voprosy psikhologii,* No. 5;
(1964) »Lo stato attuale del problema degli ominoidi regregiti«, *Genus,* Vol. XX No. 1–4;
(1966) »Vozmozhna li seichas nauchaya revolyutsiya v primatologii?« (Ist heute eine wissenschaftliche Revolution in der Primatenkunde möglich?), *Voprosy filosofii,* No. 3;
(1968) »Antropogeneticheskie aspekty fiziologii vysshei nervnoi deyatel’nosti i psikhologii« (Anthropogenetische Aspekte der Physiologie der höheren Nerventätigkeit und der Psychologie), *Voprosy psikhologii,* No. 5;
(1968) »Bor’ba za trogloditov« (Der Streit über die Troglodyten), *Prostor,* Alma-Ata, No. 4, 5, 6, 7;
(1971) »Vtoraia signal’naia sistema kak diagnosticheskii rubezh mezhdu trogloditami i gominidami« (Das zweite Signalsystem als diagnostisches Mittel zur Unterscheidung der Troglodyten und Hominiden), *Doklady Akademia Nauk SSSR,* n.s. 198, No. 1, 228–31;
(1972) »The Hominidae and the Troglodytae«. *Pursuit* 5, No. 1, 10–11;
(1974) »The Troglodytae and the Hominidae in the Taxonomy and Evolution of Higher Primates« (mit Kommentaren und Erwiderung), *Current Anthropology* 15, No. 4, 449–56.

4 Der Begriff Almas wird im vorliegenden Buch der Einfachheit halber als Singular und Plural verwendet. Aus der Literatur ergibt sich jedoch, daß der Plural auch Almasti, Almasy, Almas nar, Almases usw. lauten kann.

5 Die gesamte Eismenschen-Frage wird ausführlich erörtert von Bernard Heuvelmans in seinem Teil des Buches *L’homme de néanderthal est toujours vivant* von B. Heuvelmans und B. Porshnev, Paris 1974.

1. Kapitel

1 J. D. Beazley: *Attic Black-Figure Vase Painters,* 1956, und *Attic Red-Figure Vase Painters,* 1963, beide Clarendon Press, Oxford, verzeichnen alle Motive, Künstler und erhaltenen Bruchstücke mit peinlicher Sorgfalt und gründlichen Kommentaren. Die beiden Bände sind die einschlägigen Standardwerke. Etwas weniger fachlich und leichter zu lesen sind J. Boardman: *Athenian Black Figure Vases,* 1974, und *Athenian Red Figure Vases,* 1975, beide erschienen bei Thames & Hudson in London.

2 S. Reinach: *Répertoire de la statuaire grècque et romaine,* Bd. I, Paris [2]1906.

3 J. Boardman, persönliche Mitteilung.

4 R. Graves: *The Greek Myths,* 2 Bde., Harmondsworth 1955.

5 Graves trug diesen Gedanken erstmals im Vorwort zu einer revidierten Neuausgabe seiner *Greek Myths* (1955) vor. Er führte ihn weiter aus in seinem Buch über die mythische Dichtung, *The White Goddess,* London 1971. Die Verwendung von Halluzinogenen in der Antike ist inzwischen durch archäologische Befunde weitgehend bestätigt worden; vgl. die Hinweise in meinem Buch *Environmental Archaeology,* London 1981.

6 Ich stütze mich hier vorwiegend auf R. Bernheimer: *Wild Men in the Middle Ages,* Cambridge, Mass. 1952.

7 A. Lovejoy und G. Boas: *Primitivism and related ideas in antiquity,* Baltimore 1935.

8 Dies wurde behauptet von Porschnew, *op. cit.* 1974 (Anm. 3 zur Einleitung), und weiter erörtert von D. Bayanov und I. Burtsev in »On Neanderthal vs *Paranthropus*«, *Current Anthropolgy* 17, No. 2, 312–18 (1976), die sich mit Porschnews Arbeit und den Reaktionen darauf befassen.

9 Diese Information verdanke ich Claud Luttrell.

10 I. T. Sanderson: »The Wudewasa, or hairy primitives of ancient Europe«, *Genus* 23, No. 1–2, 109–140 (1967). Eine faszinierende und erschöpfende Darstellung des ganzen Themas.

11 J. C. D. Smith: *A Guide to Church Woodcarving,* Newton Abbot 1974. Enthält einige ausgezeichnete »Greenman«-Beispiele.

12 J. Larwood und J. C. Hotten: *Inn Signs,* London 1860.

13 Die Bibliographien in F. Hitching: *The Pan Atlas of Mysteries,* London 1980, sind meine Quelle für die meisten Geschichten.

14 W. F. Ogburn schrieb 1956 eine amüsante Abhandlung über »The wolf boy of Agra« im *Am. Jnl. of Sociology* 64, und zusammen mit einem Kollegen versuchte er die Fakten von den Erfindungen zu scheiden in einem weiteren Aufsatz, »On the track of the wolf children«, *Genetic Psychology Monographs* 60, 117–93, von W. F. Ogburn und N. K. Bose (1959). In der letzteren Arbeit wird der bekannteste Bericht über diese Phänomene, A. Gesell: *Wolf Child and Human Child,* New York 1978, heftig angegriffen. Das von diesen Autoren benutzte Quellenmaterial waren W. N. Kellog: »More about the wolf children of India«, *Am. Jnl. of Psychology* 43 (1931), und J. A. L. Singh und R. M. Zagg: *Wolf Children and Feral Man,* New York 1942.

15 Ausgiebig zitiert, z. B. bei Bajanow und Burtsew, *op. cit.* 1976 (Anm. 8), S. 316. Erster Hinweis in J. J. Vitrey: *Nouvelle dictionnaire d'histoire naturelle,* Paris 1817.

16 Bajanow und Burtsew, *op. cit.* 1976 (Anm. 8), S. 316. Erster Hinweis in J. F. Tajel: *Die Fundamental-Philosophie in genetischer Entwicklung mit besonderer Rücksicht auf die Geschichte jedes einzelnen Problems,* Tübingen 1848.

17 W. Dennis: »The significance of feral man«, *Am. Jnl. of Psychology* 54 (1941).

18 H. Lane: *The Wild Boy of Aveyron,* London 1977. Eine neuere Darstellung ist R. Shattuck: *The Forbidden Experiment: the story of the Wild Boy of Aveyron,* London 1980.

19 J.-C. Armen: *Gazelle Boy,* London 1974.

20 Beispielsweise B. Bettelheim: »Feral Children and Autistic Children«, *Am. Jnl. of Sociology* 64, 455–67 (1959). Dies ist die wichtigste Arbeit, die davon ausgeht, daß verwilderte Kinder wahrscheinlich geistig stark zurückgeblieben sind.

21 F. Hitching: *The Pan Atlas of Mysteries,* London 1980.

22 Erstmals zitiert von M. Wagner: *Beiträge zur philosophischen Anthropologie und den damit verwandten Wissenschaften,* 2 Bde., Wien 1796.

2. Kapitel

1 J. Napier: *Bigfoot: the Yeti and Sasquatch in Myth and Reality,* London 1972. Die beste (und am wenigsten sensationslüsterne) Darstellung. Vgl. auch D. Hunter und R. Dahinden: *Sasquatch,* Toronto 1973; P. Byrne: *The Search for Bigfoot: Monster, Myth or Man?* New York 1975; R. Sprague und G. S. Krants: *The Scientist looks at the Sasquatch,* Salt Lake City 1977.

2 J. Green: »What is the Sasquatch?« in M. Halpin und M. M. Ames (Hg.): *Manlike Monsters on Trial,* Vancouver 1980, 237–45. Greens frühere Arbeiten bilden ein regelrechtes Bigfoot-Archiv: »Reports indicating the Existence of Giants, Human-like Creatures, in North America, and Comment Thereon«, *Genus* 23, 3–4, 221–45 (1967); *On the track of the Sasquatch,* Agassiz, B. C. 1968; *The Year of the Sasquatch File,* Agassiz, B. C. 1970; *The Sasquatch File,* Agassiz, B.C. 1973; *Sasquatch: The Apes among us,* Saanichton, B. C. 1978.

3 P. Byrne: »The Elusive Yeti: Illusion or Elusion?« *Geographical Magazine* (1980).

4 R. L. Kerlin und L. Hertel: »Estimates of pitch and vocal tract length from recorded vocalizations of purported Bigfoot«, in Halpin und Ames, *op. cit.* 1980 (Anm. 2), 276–91.

5 V. M. Bryant und B. Trevor-Deutsch: (1980) »Analysis of faeces and hair suspected to be of Sasquatch origin«, in Halpin und Ames, *op. cit.* 1980 (Anm. 2), 291–301.

6 Eine umfassende Darstellung der Theorie und Praxis der Koprolithenuntersuchung findet sich bei M. L. Shackley: *Environmental Archaeology,* London 1981.

7 Veröffentlicht von der Franklin Press 1966. Es handelt sich im wesentlichen um eine Zusammenstellung von Zeitungsberichten mit spärlicher Kommentierung.

8 Eine Notiz von J. Beckford in *Current Anthropology* 22, No. 1 (1981), S. 98, besagt, daß Patterson und Gimlin im Gegensatz zur weitverbreiteten Vermutung die Fußspuren nicht sofort vor Ort vermessen haben, sondern daß dies erst mehrere Tage später ein gewisser Bob Titmus besorgte. Roger Patterson starb 1972.

9 Zitiert bei Hunter und Dahinden, *op. cit.* 1973 (Anm. 1).

10 Napier, *op. cit.* 1972 (Anm. 1), S. 102.

11 G. W. Gill: »Population clines of the North American Sasquatch as evidenced by Track Lengths and Estimated Statures«, in Halpin und Ames, *op. cit.* 1980 (Anm. 2), 265–76. Anthropologische Studien zur Sasquatch-Anatomie stammen auch von dem hervorragenden Anthropologen Grover S. Krantz: »Sasquatch Handprints«, *Northwest Anthropological Research Notes* 5, No. 2, 145–51 (1971); »Anatomy of the Sasquatch Foot«, *Northwest Anthrop. Research Notes* 6, No. 1, 91–104 (1972); »Additional Notes on Sasquatch Foot Anatomy«, *Northwest Anthrop. Research Notes* 6, No. 2, 230–41 (1972).

12 L. S. Dillon: *Evolution: Concepts and Consequences,* St. Louis 1973.

13 C. S. Coon: »Some problems of human variability and natural selection in clima-

te and culture«, *American Naturalist,* 89, 257–80 (1955).

14 R. Claiborne: *The First American,* New York 1978, gibt einen allgemeinen Überblick über die früheste Besiedlung Nordamerikas und deren geologische Voraussetzungen.

3 Kapitel

1 S. Rawicz: *The Long Walk,* London 1956.

2 E. Shipton: «Fact or Fancy«, *Geographical Journal* 122. No. 3, 370–2 (1952).

3 Vgl. E. Shipton: *The Mount Everest Reconnaissance Expedition, 1951,* London 1952; ferner E. Shipton: *That Untravelled World: an Autobiography,* London 1969. Berichte über die Bezwingung des Everest 1953 finden sich in J. Hunt: *The Ascent of Everest,* London 1953, und »Memories of a Mountain Land«, in O. Tchernine (Hg.): *Explorers' and Travellers' Tales,* London 1958, S. 13–14. Ferner N. Tenzing: *Tiger of the Snows: the Autobiography of Tenzing of Everest,* New York 1955 (auch unter dem Titel *Tenzing, Tiger of Everest);* darin wird von der Entdeckung zweier Yeti-Schädel 1955 und von Fährten 1946 und 1952 berichtet. Weniger bekannte Fährtenfunde sind beschrieben in W. Tschernezky und C. R. Cooke: »Unpublished Tracks of Snowman or Yeti«, *Mankind Quarterly* 15, No. 3, 163–77 (1975).

4 J. Napier: *Bigfoot,* London 1972.

5 Berichte bei R. Izzard: *The Abominable Snowman Adventure,* London 1955, und C. Stonor: *The Sherpa and the Snowman,* London 1955.

6 C. Stonor, *op. cit.* 1955.

7 Für Auskünfte über die Rolle der Wildmenschen in der tibetischen Kunst bin ich Gerhard Wagner zu großem Dank verpflichtet. Eine sorgfältige Sondierung der riesigen *thanka*-Bestände des Britischen Museums und des Victoria and Albert Museum hat leider kein einziges Beispiel zutage gefördert.
Zur tibetischen Kunst und Religion allgemein vgl. W. Zwalf: *Heritage of Tibet,* London 1981 (ein Ausstellungskatalog, aber dennoch die zur Zeit beste Einführung in die tibetische Kunst und Religion); C. von Füreraimendorf: *The Sherpas of Nepal: Buddhist Highlanders,* London 1964 (Verwendung des Yeti-Skalps im Tanzritual); R. de Nebesky-Wojkowitz: *Oracles and Demons of Tibet: the Cult and Iconography of the Tibetan Protective Deities,* Den Haag 1956; A. David-Neel: *Magic and Mystery in Tibet,* London 1967 (ein großartiges Reisebuch, geschrieben vom einzigen weiblichen europäischen Lama).

8 I.T. Sanderson: *Abominable Snowman: Legend come to Life,* Philadelphia und New York 1961.

9 J. Hunt, *op. cit.* 1958 (Anm. 3).

4. Kapitel

1 *Daily Telegraph* vom 2. Dezember 1980; von »unserem Berichterstatter in Peking«.

2 Shi Zhu: »You Yeren Ma?« (Existiert der Wildmensch?), *Huashi* (Fossilien), Bd. 15 (1977).

3 Yuan Zhenxin und Huang Wanpo: »Wild Man – fact or fiction?«, *China*

Reconstructs 28, 56–9 (1979); Xiao Zhi: »Shennongjia Forests: home of rare species«, *China Reconstructs* 27, 28–32 (1979).

4 Yuan Zhenxin und Huang Wanpo: »A Challenge to Science: The Mystery of the Wildmen«, in *Fortean Times Occasional Paper* 1, 1981, das den Titel trägt: *Wild Man, China's Yeti*, 5–15. Eine Monographie mit Nachdrucken mehrerer einschlägiger Beiträge. Der genannte Beitrag erschien ursprünglich in *Huashi* 19 (1979), No. 1.

5 Fan Jingguan: »He ›yeren‹ mu zi siangyu lishu lin« (Eine Begegnung mit einer »Wildmenschen«-Mutter und ihrem Kind im Kastanienwald), *Huashi* 23, No. 1, wiederabgedruckt in der *Fortean-Times*-Monographie, 15–27.

6 Zitiert bei Zhenxin und Wanpo, *op. cit.* 1979 (Anm. 4).

7 Ich danke Charles Aylmer für die Übersetzung dieses Artikels aus dem Chinesischen.

8 Nach Zhenxin und Wanpo, *op. cit.* 1979 (Anm. 4).

9 Den besten (aber nicht unumstrittenen) Überblick über diese frühen Phasen der Humanevolution gibt Richard Leakey in seinen Büchern *Origins,* London und New York 1979, und *The Making of Mankind,* London und New York 1980.

10 W. Le Cros Clark: *The Fossil Evidence for Human Evolution,* Chicago [3]1978; R. B. Eckhart: »*Gigantopithecus* as a Hominid«, in R. Tuttle (Hg.): *Paleoanthropology, morphology and paleoecology,* Den Haag 1975, 105–29; D. W. Frayer: »*Gigantopithecus* and its relationship to *Australopithecus*«, *Am. Jnl. Phys. Anthropol.* 39, 413–26 (1979).

5. Kapitel

1 Diese Geschichte erzählte mir Dmitri Bajanow vom Moskauer Darwin-Museun, der sie direkt von Shastin erfahren hatte. Die Russen sind von der Echtheit überzeugt.

2 V. Rinchen: »Almas still exists in Mongolia«, *Genus* 20, 186–92 (1964). Die einzige Arbeit Rinchens, die auf englisch vorliegt, mit vielen Augenzeugenberichten und einer Fülle von volkskundlichen Details. Ein weiterer Überblick über seine Arbeit findet sich in »Almasi, der mongolische Stammvater des Schneemenschen« (auf russisch), *Sovremenaja Mongolia* (1958), 534–8.

3 Im Gegensatz zum Yeti, den man in der Regel sehr fürchtet.

4 Auf diesen Bericht Schiltbergers hat mich Gerhard Wagner aufmerksam gemacht.

5 Auszug aus »Hans Schiltbergers Reise in die Heidenschaft«, Original in der Handschriftenabteilung der Bayerischen Staatsbibliothek München, Signatur L1603 Bl. 210. (Der Auszug wurde nach der englischen Fassung von David Parsons rückübersetzt.)

6 E. Vlček: »Old Literary evidence for the existence of the ›Snowman‹ in Tibet and Mongolia«, *Man* 59, 133–4 (1959). Zusätzliche Anmerkungen zu den Übersetzungen gibt der Autor in einem späteren Beitrag von 1960 (»Diagnosis of the ›wild man‹ according to Buddhist literary sources from Tibet, Mongolia and China«, *Man* 60, 153–4.)

7 Der Name von Rinchen erscheint bei verschiedenen Autoren in abweichenden Formen. Tchernine nennt ihn beispielsweise *J. R.* Rinchen, Vlček (1959, 1960) dagegen *B.* Rinchen. Das Standardwerk von R. A. Rupen: *Mongols of the Twentieth Century,* Bloomington 1964, in dem Rinchens bekannte Arbeiten verzeichnet sind, benutzt den Nachnamen Rincen, und der Vorname wird andernorts Yöngsiyebiü geschrieben.

8 Christopher Dobson im *Daily Express* vom 30. Juli 1959.

9 Zu Zhamtsaranos wissenschaftlichen Werken gehört auch *The Mongol Chronicles of the Seventieth Century,* übers. von R. Loewenthal, Wiesbaden 1955.

10 T. Ts. Tudenova O fonde Ts. Zh. Zhamtsarano. Trudy Bion BF. So. An. SSR. 1969 (12) 138–142. *Materialypo istomi i filologii Tsentral'noi Asii* 4, wo es heißt, daß das Zhamtsarano-Archiv in Ulan Ude nicht nur viele persönliche Angaben zu dem Forscher, sondern auch seine Notizen zu den verschiedenen Expeditionen zwischen 1904 und 1909 enthält. Diesen und alle anderen bibliographischen Nachweise, die sich auf Rußland beziehen, verdanke ich Michael Heaney.

11 *Leningradshoe odelenie Institut a vostokovedeniya Akademii nauk SSSR,* Samlung 62; umfaßt den Zeitraum 1903–36.

12 *Institut obshchestvennykh nauk Buryatskogo filiala sibirskogo odeleniya Akademii nauk SSSR,* Sammlung 6; Bestände aus der Zeit von 1890 bis 1917, untergebracht in Ulan Ude.

13 Etwa die Beschreibung der Mongolei, veröffentlicht in *Uchenye zapiski Institut Vostokovedeniya AN SSR* 6 (1953), 35–53, und 9 (1954), 90–127.

14 Diese Liste erschien in *Central Asiatic Journal* 4–5 (1959), 199–206. »L'héritage scientifique du Prof. dr. Zamcarano.« (Liste in russischer, Text in französischer Sprache.)

15 »The Passage of Almas« von M. Rosenfeld (1936), in Heuvelmans und Porshnev, *op. cit.* 1974, 40.

16 A. G. Bannikov: »Wild camels of the Gobi«, *Wildlife* 18, No. 9, 398–403.

17 Zu Rinchen vgl. oben Anm. 2.

18 Allgemeingehaltener Aufsatz »Again the Snowman« in *Mongolie* 6 (1980), 24. Es handelt sich um eine in Ulan Bator publizierte Zweimonatszeitschrift, die schwer zugänglich ist.

6. Kapitel

1 K. A. Satunin: »Biabanguli«, *Priroda i okhota* (Natur und Jagd) 7, 28–35 (1899); die Übersetzung stammt von Michael Heaney. Ein nüchterner Bericht des bekannten Naturforschers.

2 B. Porschnew: »Problema reliktovykh paleoantropov« (Das Problem der Paläoanthropinen-Relikte), *Sovetskaya etnografiya* 2, 115–30 (1969); Übersetzung von Michael Heaney.

3 J. Colarusso: »Ethnographic information on a wild man of the Caucasus«, in Halpin und Ames op. cit. 1980, 255–65.

4 D. Bayanov: »On the trail – journey of a researcher«, *Bigfoot Co-operative* 2, 9–10 (1981).

5 Die bibliographischen Angaben zu Dr. Kofman stammen von Heuvelmans und Porschnew (1974).

6 Sch. I. Kofman: »Odvet professoru Avdeevu« (Erwiderung an Professor Awdejew), *Nauka i religiya* 4; »Sledy ostayutsya ...« (Die Fährten bleiben ...).

7 Vgl. Anm. 4.

8 Einen Hinweis auf diese Sichtungen gibt Khazkisuv Khutov in *Bigfoot Co-operative* 2, 9 (1981).

7 R. Pemnova: »Che poveyeer, komorvii elo videl ...«, *Vokrugsvieta* 12, 34–9 (1958).

8 Der Bericht wurde übersetzt von Dmitri Bayanov in *Bigfoot Co-operative,* 2. Juni 1981.

9 D. Bayanov: »Expedition ›Gissar‹ – 80«, *Bigfoot Co-operative,* 2. August 1981.

10 I. Zasseda: »›L'homme des neiges‹ dans les montagnes du Tadjikistan?«, *Les Nouvelles de Moscou* 46 (15. Oktober 1981).

7. Kapitel

1 P. Dravert: »Dikie lyudi muleny i chuchuna« (Die wilden Mulen- und Chuchunaa-Menschen), *Buduschaya Sibir* 6, 40–43 (1933).

2 Yu Zerchaninov: »Riskni uvidet« (Wage zu sehen), *Yunost* 3, 106–9 (1980).

3 A. G. Pronin: »›Abominable Snowman‹ in the Pamirs?«, *Moscow News,* 23. Januar 1958, 3.

4 B. Porschnew: »Problema reliktovikh paleoantropov« (vgl. Anm. 2 zum 6. Kapitel).

5 K. V. Stanjukowitsch: *Po sledam udivitel'noi zagadki* (Auf den Spuren eines erstaunlichen Geheimnisses), Moskau 1965; V. L. Bianki: »Pro snezhnogo cheloveka« (Über den Schneemenschen), *Priklyu-cheniya v gorakh,* Bd. I, Moskau 1961. Ein kurzer Bericht erschien außerdem in der *Iswestija* vom 9. Januar 1960, ebenfalls verfaßt von Stanjukowitsch.

6 O. Tchernine: *The Snowman and Company,* London 1961.

8. Kapitel

Alle Übersetzungen aus dem Russischen, die in diesem Kapitel enthalten sind, stammen von Michael Heaney.

1 W. Puschkarew: »Nevye Svidetel'stra« (Neue Zeugnisse), *Tekhnika molodezhi* 6, 48–52 (1978). Puschkarew, der es eigentlich hätte besser wissen müssen, verzichtete auf jedes Überlebenstraining und brach 1978 allein zu einer großen Fuß- und Bootsreise durch die sibirische Taiga auf; er kehrte nicht mehr zurück.

2 A. Burtsewa: »Zolotoi sled na Chukotke« (Goldene Fährte in Chukotka), *Tekhnika molodezhi* 6, 52-3 (1978).

3 Für diese menschenähnlichen Lebewesen werden verschiedene Namensformen verwendet: Chuchunaa, Suchunaa, Kuchunaa, Chuchuna usw.

4 P. Dravert: »Dikie lyudi muleny i chuchuna« (vgl. Anm. 1 zum 7. Kapitel). Dravert gab 1912 einen ersten Hinweis auf seine Sammlung von Chuchunaa-Erzählungen, indem er sie für eine episodisch gehaltene Einführung in eines sei-

ner Werke verwendete, das in einer Zeitung in Kasan erschien (P. Dravert: »Na sevene dal'nem« [Im hohen Norden], *Kamskorolzhskaya rech* 239 [1912]).

5 Vgl. Dravert, *op. cit.* 1933 (Anm. 5).

6 *Istoricheskie predaniya i rasskazy yakutov* (Historische Legenden und Volkserzählungen der Jakuten), eine Veröffentlichung von G. U. Ergis unter der Herausgeberschaft von A. A. Popow, Teil I, Moskau und Leningrad 1960 (Akademie der Wissenschaften der UdSSR, jakutischer Zweig der sibirischen Sektion des Instituts für Sprachen, Literatur und Geschichte); Texte in jakutischer und russischer Sprache.

6 Alle diese Argumente werden erörtert bei M. L. Shackley: »The case for neanderthal survival: fact, fiction and faction«, *Antiquity* LVI, No. 216, 31–41 (1982).

7 Für die Unterstützung meiner Expedition danke ich dem British Council, der Universität von Ulan-Bator und der Britischen Botschaft in Ulan-Bator.

8 Diese Arbeit erscheint demnächst vollständig, aber eine Zusammenfassung wurde bereits veröffentlicht im Sitzungsbericht von 1982 der 11. INQUA-Konferenz (Sitzung 29), veranstaltet in Moskau vom 1. bis 9. August 1982, Bd. 2, S. 287.

9. Kapitel

1 All dies ist sehr umstritten. Vgl. Leakey: *The Making of Mankind*, London und New York 1981, der eine ausgewogene, wenn auch etwas oberflächliche Auffassung vertritt, oder M. L. Shackley: *Neanderthal Man*, London 1980.

2 M. Gerasimov: *The Face Finder*, übers. von A. H. Brodrick, London 1971.

3 Zum Vergleich zwischen Neandertaler- und Yeti-Fußspuren vgl. J. Napier: *Bigfoot*, London 1972.

4 Dieses Problem wird von G. S. Krantz: »Sapienization and Speech«, *Current Anthropology* 21, No. 6, 773–92 (1980), sehr ausführlich und mit vielen Literaturangaben erörtert.

5 C. B. Stringer: »Population relationships of late Pleistocene hominids: a multivariate study of available crania«, *Journal of Archaeological Science* 1, 317–42 (1974).

Epilog

1 *New Scientist*, 12. März 1981, 695.

2 B. Heuvelmans: *On the Track of Unknown Animals*, London 1962.

3 Diese Kontroverse war Thema einer hitzigen Auseinandersetzung im Leserbriefteil von *Nature*, *New Scientist* usw. und einer BBC-Horizon-Dokumentation unter dem Titel »Ist Darwin im Unrecht?« Die vorherrschende Meinung war, das er im Recht ist.

4 Einander widersprechende Ansichten über die Anfänge der Hominidenentwicklung finden sich bei R. Leakey: *The Making of Mankind*, London und New York 1981, und D. Johannsen: *Lucy: The Beginnings of Humankind*, New York und London 1981.

5 Diese Information verdanke ich Dr. H. H. E. Loofs-Wissowa von der Australischen National-Universität.

6 Das Für und Wider des Rechts auf die Tötung von Hominiden wird erörtert von E. Austin und T. Padmore: »Sasquatch: The Sceptics want Corpse«, *Vancouver Sun,* 15. Mai 1978, S. 26, und von D. Bayanov: »Why it is not right to kill a gentle giant«, *Pursuit,* Herbstausgabe, 40–1, der die Schlußfolgerungen zurückweist, zu denen John Green in J. Green: *Sasquatch: The Apes Among Us,* Seattle 1978, gelangt war.

7 In *The Snow Leopard* (1979) behandelt Matthiessen dieses Dilemma. Einer der Teilnehmer der Arun-Tal-Expedition hatte die Genehmigung, einen Yeti zu »erlegen«, konnte sich aber offensichtlich nicht entscheiden, ob er dazu auch das moralische Recht hatte.

8 J. R. Greenwell und J. E. King: »Scientists and anomalous phenomena: preliminary result of a survey«, *Zetetic Scholar* 6 (1980), Dept. of Sociology, Eastern Michigan University; die Ergebnisse dieser Autoren werden zusammengefaßt in J. R. Greenwell und J. E. King: »Attitudes of Physical Anthropologists towards reports of Bigfoot and Nessie«, *Current Anthropology* 22 (i), 79–80 (1981).

9 Zitiert bei Greenwell und King, *op. cit.* 1980.

WEITERFÜHRENDE LITERATUR

Der Leser, der sich für Einzelfragen interessiert, sei auf die Literaturangaben in den Anmerkungen verwiesen.

Nachfolgend sind die wichtigsten Titel allgemeiner Art zusammengestellt:

BERNHEIMER, R.: *Wild Men in the Middle Ages,* Cambridge, Mass. 1952.

BORD, J. und C.: *Bigfoot,* London 1982.

FIEDLER, L.: *Freaks, Myths and Images of the Secret Self,* Harmondsworth 1981.

HALPIN, M. M. und AMES, M. (Hg.): *Manlike Monsters on Trial,* Vancouver 1980.

HEUVELMANS, B.: *On the Track of Unknown Animals,* London 1962.

HEUVELMANS, B. und PORSHNEV, B.: *L'homme de néanderthal est toujours vivant,* Paris 1974.

HITCHING, F.: *The Pan Atlas of Mysteries,* London 1980.

IZZARD, R.: *The Abominable Snowman Adventure,* London 1955.

MICHELL, J. und RICKARD, R.J.J.: *Phenomena,* London und New York 1977.

Dies.: *Living Wonders,* London und New York 1982.

NAPIER, J.: *Bigfoot: the Yeti and Sasquatch in Myth and Reality,* London 1972.

SANDERSON, I.T.: *Abominable Snowman: legend come to life,* Philadelphia und New York 1961.

SHACKLEY, M.L.: *Neanderthal Man,* London 1980.

Dies.: »The Case for Neanderthal Survival: Fact, Fiction or Faction?« *Antiquity* LVI, No. 216, S. 31–41 (1982).

STONOR, C.: *The Sherpa and the Snowman,* London 1955.

TCHERNINE, O.: *The Snowman and Company,* London 1961.

Ders.: *The Yeti,* London 1970.

DANK DER AUTORIN

Besonderen Dank schulde ich meinem Freund Michael Heaney von der Bodleian Library in Oxford, nicht nur für seine sorgfältigen Übersetzungen eines großen Teils meines russischen Quellenmaterials, sondern auch für seine zahlreichen Anregungen, seinen Enthusiasmus und seine Ermutigung.
Meinen Kollegen Claud Luttrell, Charles Phythian-Adams, Michael Greenhalgh, Allan Mills und Professor W. Sluckin danke ich für ihre Geduld und Nachsicht, als die »Wildmenschen« sie von ihren eigenen Aufgaben abzulenken drohten. Nicht vergessen sollen auch die Mitarbeiter der Fernleihe unserer Bibliothek sein, die sich auf bewundernswerte Weise bemüht haben, meine Wünsche nach sehr entlegenem Quellenmaterial in den verschiedensten Sprachen zu erfüllen. Meine Begegnungen und mein umfangreicher Briefwechsel mit Dmitri Bajanow (Darwin-Museum in Moskau) haben es mir ermöglicht, Berichte aus erster Hand über die neuesten Vorgänge in Rußland zu erhalten, und ebenso dankbar bin ich Gerhard Wagner (München) für informative tibetologische Diskussionen über die Yeti-Frage. Charles Aylmer hat freundlicherweise einige neuere Berichte aus China für mich übersetzt, und Professor Glyn Daniel erwies mir die Ehre, mich zu einem Vortrag in Cambridge einzuladen. Marius Cooke, Liz Birkett, Vincent Megaw, Odette Tchernine, René Dahinden, Lord John Hunt, Steven Thornett, Dorothy Tudor, Elizabeth Moignard, John Boardman und John Napier haben mich, jeder auf seine Weise, bei der Fertigstellung dieses Buches unterstützt.

Die Karten und die meisten Strichzeichnungen wurden von Elizabeth Birkett angefertigt. Für die Erlaubnis zum Abdruck der anderen Textabbildungen danke ich folgenden Personen und Institutionen: Abb. 3 Ivan T. Sanderson; Vorsatz Metropolitan Museum of Art, Harris Brisbane Dick Fund 1926, New York; 28 nach Tschernezky; 36 nach *Hua Shi* und *Fortean Times;* 38 Robert Harding Associates; 44, 45 Georgie Glen nach Chachlov; 56 nach Wood; 59 Giovanni Caselli.
Die Abb. 11, 41, 47 stammen von der Verfasserin. Die Wiedergabe der übrigen erfolgt mit freundlicher Genehmigung von 5 Boston, Museum of Fine Arts 76.46; 6 Musée du Louvre, MNB 2774; 2 Darwin-Museum, Moskau; 8 The Gouverning Body of Christ

Church, Oxford; 13 Stadtbibliothek Nürnberg; 10 Bayerische Staatsbibliothek, München; 17 John Green; 14 Syndication International Ltd; 18–20 René Dahinden/Fortean Picture Library; 24 Royal Geographical Society; 25 Mount Everest Foundation; 27 Gordon Wiltsie/Courtesy Outside Magazine; 35 Dr. Zhou Guoxing/Fortean Picture Library; 37 *Fortean Times;* 39 John Reader und Prof. G. von Koenigswald; 49, 52 Royal Geographical Society; 50 René Dahinden/Fortean Picture Library; 51 Dmitri Bajanow; 58 Bertelsmann Verlag; 57 British Museum (Natural History); 60 Dr. John Napier; 23, 26, 29, 30, 31, 32, 33 Dr. Ulrich Gruber (Zoologische Staatssammlung, München).

REGISTER

Z